Christopher Bashayi Ashe

Potencialidades e índices de diversidade de espécies arbóreas subutilizadas

Christopher Bashayi Ashe

Potencialidades e índices de diversidade de espécies arbóreas subutilizadas

Área da administração local de Wamakko do Estado de Sokoto, Nigéria

Imprint

Any brand names and product names mentioned in this book are subject to trademark, brand or patent protection and are trademarks or registered trademarks of their respective holders. The use of brand names, product names, common names, trade names, product descriptions etc. even without a particular marking in this work is in no way to be construed to mean that such names may be regarded as unrestricted in respect of trademark and brand protection legislation and could thus be used by anyone.

Cover image: www.ingimage.com

This book is a translation from the original published under ISBN 978-620-7-45762-5.

Publisher:
Sciencia Scripts
is a trademark of
Dodo Books Indian Ocean Ltd. and OmniScriptum S.R.L publishing group

120 High Road, East Finchley, London, N2 9ED, United Kingdom
Str. Armeneasca 28/1, office 1, Chisinau MD-2012, Republic of Moldova, Europe
Printed at: see last page
ISBN: 978-620-8-36009-2

Conteúdo

AGRADECIMENTOS

Este trabalho não teria sido um sucesso sem os vários contributos dos meus professores, pais, amigos e colegas. É nesta nota que o meu sincero apreço e gratidão vão para o meu mentor e supervisor, Dr. A.D. Isah, que foi a figura de proa na iniciação, condução e conclusão bem sucedida deste estudo. Senhor, expôs-me aos rudimentos da investigação académica, a sua paciência, cooperação e tutela nunca esquecerei. Ficar-lhe-ei eternamente grato. Os meus agradecimentos vão também para o Dr. S.B. Shamaki e o Dr. M. B. Sokoto, que foram também figuras-chave neste estudo. Senhores, estou sinceramente grato pelo vosso papel paternal no meu percurso académico, a vossa atenção e contribuições são altamente reconhecidas, não posso agradecer-vos tanto. Apesar dos vossos horários apertados, concederam-me muitas vezes uma audiência. Devo também agradecer ao meu antigo Diretor de Departamento, Professor A. G. Bello, por ter proporcionado um terreno tranquilo para a realização deste trabalho. Estou sinceramente grato ao Mallam A. A. Barau, ao Prof. N.D. Ibrahim, ao Dr. Y. Na-Allah, ao Prof. A.G. Ojanuga, ao Prof. A. L. Ala, ao Mallam A. A. Umar, ao Prof. I. S. Ogundiya, ao Dr. M. Fagbemi, ao Dr. M.I Abubakar e a todos os professores e funcionários da Faculdade de Agricultura. Por favor, aceitem a minha sincera gratidão. A toda a família do Engr. Ashe Bashayi e do Engr. Edward Bawa, vocês são maravilhosos. Não há palavras para exprimir a minha alegria sincera para convosco pelo vosso apoio psicológico, moral e, sobretudo, financeiro que me concederam. Obrigado, adoro-vos a todos.

Por último, aos meus colegas e amigos, que em diferentes alturas perguntaram pelo progresso do meu trabalho, mesmo quando a viagem se tornou difícil, estiveram lá para me dar o apoio necessário para seguir em frente. Aceitem, por favor, a minha sincera gratidão. E a todos os que, de uma forma ou de outra, contribuíram para esta realização e não foram mencionados, peço que aceitem as minhas desculpas e que tenham em conta que a contribuição de todos é altamente reconhecida e apreciada. Obrigado a todos.

RESUMO

O estudo avaliou espécies arbóreas polivalentes subutilizadas na área do Governo Local de Wamakko do Estado de Sokoto, Nigéria. O índice de diversidade de Shannon-Wiener foi utilizado para determinar a distribuição da diversidade de espécies na área de estudo. Foram utilizadas as técnicas de amostragem propositada e aleatória para selecionar 390 inquiridos para o estudo. Os resultados revelaram que a maioria (85,7%) dos agricultores era do sexo masculino e casada (89%). A maioria (37,7%) tinha educação corânica, dedicava-se à agricultura (45,1%) e tinha entre 46 e 55 anos de idade. O índice de diversidade de Shannon revelou uma diversidade moderada de espécies arbóreas subutilizadas e o índice de riqueza de Margalef de 7,3351 (árvores) e 7,7977 (plantas silvestres) revelou uma rica diversidade de espécies na área de estudo. Um total de quarenta e seis por cento tinha conhecimentos moderados sobre espécies arbóreas subutilizadas, 57,5% atribuíram a razão da subutilização de espécies arbóreas a informação inadequada, 53,2% obtiveram informação dos pais/avós. A maioria revelou que a fertilidade do solo (35,1%) e o rendimento suplementar (30,6%) são os principais papéis desempenhados pelas espécies arbóreas subutilizadas. A maioria (70,1%) preferiu a transferência de conhecimentos para os filhos através de orientação e aconselhamento. A área de estudo é rica em espécies de árvores polivalentes, mas algumas estão em perigo devido a factores climáticos, edáficos e humanos. Os programas educativos, a criação de consciencialização e uma investigação mais aprofundada sobre as práticas de gestão tradicionais e as ameaças das espécies arbóreas subutilizadas podem contribuir muito para incentivar a sua utilização e conservação.

CAPÍTULO 1

1.1 Introdução

1.1 Antecedentes do estudo

Nos últimos tempos, a questão das espécies arbóreas subutilizadas tornou-se um tema de discussão nos círculos nacionais, internacionais e académicos. As espécies arbóreas subutilizadas referem-se a todas as árvores selvagens que são localmente abundantes, mas globalmente raras, que são subvalorizadas, ou seja, o seu valor público e privado atual está abaixo do seu potencial e para as quais há falta de investigação e informação (Tebkew *et al.*,2014). As espécies arbóreas subutilizadas têm benefícios potenciais consideráveis para o homem, mas não têm recebido a atenção necessária que levaria à sua utilização adequada e eficaz (Eyzaguirre *et al.*,1999). As espécies persistem porque ainda são úteis para as populações locais devido à sua fácil acessibilidade (Hunde *et al.*,2011). O conhecimento tradicional está tipicamente associado à utilização destas espécies arbóreas, embora o conhecimento científico esteja a emergir, mas ainda é limitado (Normah, 2003). Espécies como *a Adansonia digitata* (Hausa *Kuka*), *Balanites aegyptiaca (*Hausa *Aduwa)* e *Vitex doniana (*Hausa *Dunya)* têm benefícios potenciais consideráveis para o homem; na agricultura, medicina, indústria, fruta/alimentos e outros produtos (Akinyele, 2007). No entanto, não lhes foi dada a atenção necessária para resolver os problemas multifacetados que impedem a sua utilização correta e eficaz (Aderounmu, 2010). Estas espécies arbóreas subutilizadas podem ser o resultado da falta de informação suficiente ou adequada sobre a sua utilização e de pouca ou nenhuma investigação ter sido efectuada sobre elas (Eyzaguirre *et al.*,1999; Aderounmu, 2010). Ocorrem ou crescem como árvores selvagens dispersas. São uma fonte de genes úteis para espécies de culturas relacionadas e são promissoras para o desenvolvimento económico (Normah, 2003). São consideradas de menor importância em termos de produção, consumo (alimentar ou medicinal) e utilização. Também ainda não são totalmente exploradas em termos de contribuição para as economias de mercado ou domésticas (Aboagye *et al.*,2007)

A zona de savana do Norte da Nigéria é ricamente dotada de muitas árvores subutilizadas que têm elevados valores nutricionais, económicos e medicinais para o homem, como *A. digitata (Kuka)*, *B. aegyptiaca (Aduwa)*, *V. doniana (Dunya)*, *Acacia sieberana (*Hausa Farar kaya), *A. nilotica (Bagaruwa)* (Chweya e Eyzaguirre, 1999; Odhav *et al.,*2007). Estas espécies arbóreas nem sequer são consideradas para programas de plantação devido à escassez de informação silvícola (Aderounmu, 2010; Akinyele, 2007; Sale, 2015). Entre estas espécies valiosas da savana, *a B. aegyptiaca (Aduwa)* é altamente resistente ao ataque de insectos, como o gafanhoto e o escaravelho, e tem um elevado grau de infestação parasitária (Orwa *et al.*, 2009), o que faz com que seja amplamente utilizada para muitos fins de mobiliário e muitos utensílios domésticos (Tesfaye, 2015). Os ramos espinhosos são utilizados para vedações e as folhas, flores e frutos são dados como alimento ao gado e a outros animais selvagens (Ndoye *et al.*,2004). Diferentes partes da árvore são utilizadas para o tratamento de diversas doenças em África. Mohammed (1997) e Mortimore e William (1999) mostraram que as árvores da savana contribuíam imensamente em quase todos os sectores da economia rural, especialmente no extremo norte da Nigéria.

A maior parte da literatura negligencia as árvores autóctones, concentrando-se antes numa gama restrita de espécies exóticas, muitas das quais não foram testadas na região e são difíceis de adquirir. Assim, os agricultores afastaram-se das espécies nativas fiáveis e "testadas pelo tempo" em favor das exóticas, talvez porque a informação sobre elas está mais amplamente disponível (Anon, 2015). Embora estar ciente da existência de árvores autóctones seja uma coisa, saber como usá-las é outra completamente diferente. Mesmo os agricultores que estão conscientes dos benefícios económicos da integração de árvores indígenas subutilizadas nos seus sistemas agrícolas podem não reconhecer as vantagens ecológicas. Por exemplo, um agricultor pode decidir utilizar uma espécie de árvore local para diversificar a produção, mas pode não saber que esta também pode ser útil para a gestão de pragas, melhoria do solo, conservação da água, quebra-ventos ou forragem para o gado (Anon, 2015; Sale, 2015).

De acordo com Pilgrim *et al.* (2007), o conhecimento indígena é uma componente essencial do conhecimento vital de que não podemos prescindir; é, portanto, necessário estar bem informado sobre as espécies arbóreas que são utilizadas pelas pessoas para satisfazer várias necessidades e avaliar o padrão de utilização dessas espécies pelas populações locais, a fim de definir uma estratégia de conservação participativa sustentável para as mesmas.

1.2 Declaração do problema

As árvores da savana nigeriana, tais como *V. doniana, Diospyros mespiliformes, A. digitata, B. aegyptiaca,* etc., são referidas como espécies arbóreas subutilizadas, devido à falta de conhecimento geral ou ao facto de o seu valor potencial ser subestimado e subexplorado (Rabi'u *et al.*, 2013). Estas espécies arbóreas subutilizadas carecem de promoção na propagação (Akinyele, 2007) e na utilização, sendo que uma quantidade significativa é desperdiçada durante o pico de produção. Apesar da utilidade percebida e dos potenciais inexplorados das espécies arbóreas subutilizadas, observou-se que estas espécies arbóreas subutilizadas são vulneráveis a ameaças devido à falta de capacidade institucional, pressão populacional, degradação da terra e desflorestação, sugerindo assim a sua inexistência num futuro próximo previsível (Osewa *et al.*,2013; Tebkew *et al.*,2014; Falerama *et al.*,2014). As espécies arbóreas subutilizadas podem ter problemas de ciclo complexo de produção de sementes, germinação deficiente, baixa taxa de crescimento ou malformação e baixo rendimento, que podem resultar da falta de informação silvicultural ou de sensibilização para as espécies (Akinyele, 2007; Orwa *et al.*,2009; Kamatou *et al.*,2011).

Relativamente a algumas espécies, a informação que apoia estas razões é bem conhecida tanto pela população local como pelos silvicultores. Contudo, a maior parte da informação relativa às árvores autóctones está na posse das comunidades locais ou, por vezes, apenas de certos indivíduos dentro das comunidades. Muitas vezes, uma aldeia pode ter certos conhecimentos especiais sobre uma determinada árvore que podem não ser conhecidos por outros membros da aldeia e pela sociedade em geral. Em muitos casos, isto é ainda mais complicado devido à utilização de nomes locais. Por conseguinte, é necessário documentar este conhecimento dos mais idosos, integrando-o adequadamente no corpo atual de conhecimentos para ser utilizado pelos mais jovens.

1.3 Justificação do estudo

Na última década, foram feitos esforços para investigar as espécies de árvores indígenas, as percepções dos agricultores sobre o ambiente e as suas práticas de proteção ambiental, bem como os efeitos do fogo no solo e na vegetação. No entanto, o aspeto da avaliação do potencial de espécies arbóreas polivalentes subutilizadas não foi devidamente considerado ou não foi investigado em pormenor, particularmente na área governamental local de Wamakko, no estado de Sokoto. Para promover com êxito as espécies arbóreas subutilizadas e, ao mesmo tempo, garantir que os benefícios são partilhados de forma igual entre os membros da comunidade, é importante avaliar o potencial das árvores subutilizadas para compreender a sua diversidade e examinar os conhecimentos dos agricultores tradicionais e a forma como utilizam as espécies arbóreas subutilizadas na sua localidade. Isto ajudará a preencher a lacuna de informação, bem como a orientar a política pública para tomar decisões bem informadas relativamente a estas espécies de árvores.

Este estudo centrou-se principalmente em espécies de árvores subutilizadas, que têm sido negligenciadas pelas pessoas devido à falta de conhecimento sobre o significado das espécies de árvores nas suas respectivas localidades. Estas árvores têm recebido pouca ou nenhuma atenção em termos da sua utilização sustentável e conservação. Por isso, este estudo avalia o potencial de espécies arbóreas polivalentes subutilizadas na área governamental local de Wamakko do Estado de Sokoto, na Nigéria.

1.4 Objectivos do estudo

O estudo avaliou, de um modo geral, as potencialidades de espécies arbóreas polivalentes subutilizadas na área da administração local de Wamakko do Estado de Sokoto.

Os objectivos específicos eram os seguintes

1.   descrever as caraterísticas socioeconómicas dos inquiridos na área de estudo,

2.   avaliar a diversidade de espécies arbóreas subutilizadas na área de estudo, e

3.   examinar o conhecimento tradicional sobre a utilização de espécies arbóreas indígenas subutilizadas na área de estudo.

1.5 Âmbito e limitações do estudo

Este estudo foi especificamente concebido para avaliar o potencial de espécies arbóreas subutilizadas na área da administração local de Wamakko, no Estado de Sokoto. O estudo abrangeu sete distritos de Dundaye, Wajeke, Gidan Buba, Gumburawa, Gwiwa, Gumbi e Wamakko. Foi utilizado um questionário estruturado para recolher dados. A maior parte dos agricultores não sabia ler o questionário, pelo que o problema foi ultrapassado através de entrevistas diretas com os inquiridos, tendo o conteúdo do questionário sido traduzido para a sua língua local (Hausa).

CAPÍTULO 2

1.2 REVISÃO DA LITERATURA

2.1 Espécies de árvores indígenas

Ecologicamente, uma espécie arbórea é considerada nativa ou indígena de uma determinada região ou ecossistema se a sua presença nessa região for o resultado de processos naturais, sem intervenção humana (Onefeli e Adesoye, 2014). A maioria das árvores autóctones são espécies que resistem à seca, crescem bem em qualquer tipo de solo no ambiente de savana e têm a capacidade de recuperação rápida. Contribuem para o fornecimento de nutrientes ao solo através da folhada e são leguminosas, exceto algumas como a *Balanites aegyptiaca*, pelo que fixam o azoto no solo (Danjuma, 1994). As árvores são componentes vitais do ecossistema que têm funções produtivas, protectoras e recreativas. Controlam a erosão do solo, estabilizam os climas regionais e globais, fornecem sumidouros de carbono e actuam no controlo da poluição (Adamu, 2006).

Existem numerosas espécies de árvores indígenas na Nigéria que têm uma qualidade de madeira equivalente ou melhor do que as espécies exóticas (Ijeomah e Aiyeloja, 2010). Estas incluem *Milicia excelsa, Entandrophragma spp. Khaya senegalensis, Khaya grandifolia, Mansonia altissima, Albizia zygia, Afzelia africana,* etc. (Ijeomah e Aiyeloya, 2010; Laker, 2006). Mohammed (1997) descobriu que havia mais de 121 plantas úteis no nordeste semi-árido da Nigéria. As espécies de plantas mais comuns encontradas na área, entre outras, incluem *Acacia Spp., Euphorbia Spp., Hibiscus Spp., Ficus spp., Combretum spp. e Ziziphus Spp.* As árvores têm várias utilizações para os habitantes da aldeia. Várias partes das árvores, como cascas, ramos, vagens, raízes, madeira, goma, sementes, folhas, etc., foram utilizadas para diferentes fins, como medicinais, culturais, forragem, alimentação humana, madeira, agricultura, lenha, sombra, proteção e melhoria do solo, etc.

As florestas húmidas de folha perene, que se tornam caducifólias a norte, fornecem a maior parte da madeira do país e são ricas em espécies como *Triplochiton scleroxylon, Terminalia ivorensis; Terminalia superba, Kyaya grandifoliola, Kyaya ivorensis; Entandrophragma spp; Milicia (Syn Chlorophora) excelsa; Nauclea diderrichi, Loyoa trichilioides, Terrieta utillis, Tieghemella heckelii, Pericopsis eleta e Mansonia altissima.* O resto da floresta do país encontra-se na Savana do Norte, que inclui a Savana Derivada, a Savana da Guiné, a Savana do Sudão e a Savana do Sahel e certas espécies como *Parkia biglobosa, Prosopis africana e Vitellaria parkia* (Sarumi *et al.,*1995).

2.2 Importância das espécies de árvores indígenas

A Nigéria tem uma gama diversificada de espécies de árvores tropicais, muitas das quais só são conhecidas na região. Algumas são fontes valiosas de vitaminas, minerais e anti-oxidantes e contribuem de forma importante para a dieta das famílias pobres, constituindo um valioso património familiar. Para além disso, são uma importante fonte de madeira, forragem, combustível e muitas têm usos medicinais e industriais. A recolha organizada destas espécies e produtos de árvores florestais pode criar emprego, particularmente para os pobres sem terra. A razão para isto é que o processamento de alimentos em pequena escala responde às necessidades locais, baseia-se nos conhecimentos e competências locais e utiliza recursos locais. No entanto, os investigadores, os decisores políticos, as empresas comerciais e a comunidade internacional só agora começaram a reconhecer o seu valor devido à sua relação com os produtos florestais não lenhosos (PFNM) (Hughes e Haq, 2014).

As árvores indígenas subutilizadas proporcionam benefícios ambientais através da proteção do solo e da produção de folhagem, entre outros. Isto diminui o escoamento da superfície do solo, prevenindo a erosão, mantendo uma superfície estável e húmida e melhorando as propriedades físicas do solo. As raízes das árvores também podem soltar a camada superior do solo através do crescimento radial e melhorar a porosidade do subsolo (Sanchez e Leakey, 1997). As árvores subutilizadas podem ser utilizadas em terrenos marginais e baldios, e podem resistir a condições difíceis como o stress da humidade e a salinidade. Além disso, os agricultores podem obter uma colheita decente de árvores que crescem em áreas onde outras culturas não sobreviveriam (Hughes e Haq, 2014).

Na Nigéria, muitas espécies de árvores indígenas estão espalhadas por todo o lado e fornecem nutrientes tanto ao homem como às culturas, melhoram os rendimentos, fornecem medicamentos e impulsionam as práticas agro-florestais (Opeke, 2010). Estas árvores indígenas são muito apreciadas porque fornecem múltiplos produtos benéficos para a subsistência humana. Trata-se frequentemente de produtos que a família utilizava regularmente, mas que não dispunha do dinheiro necessário para os comprar. Uma vez que os agricultores começaram a plantar espécies arbóreas autóctones por sua própria iniciativa, as suas afirmações sobre a importância das espécies locais para o seu bem-estar são bem apoiadas. Sendo a espécie dominante na vegetação natural da maioria dos ambientes tropicais, as árvores devem ser consideradas necessárias para proteger os solos frágeis dos sistemas agrícolas rurais. O conhecimento da contribuição das árvores para a agricultura é relativamente recente (Gregersen *et al.*,1989). De facto, muitas tecnologias agrícolas evoluíram a partir das práticas dos habitantes das florestas que dependiam das árvores e de outras plantas florestais para as suas necessidades. Brills *et al.*(1996) referiram que as árvores são importantes pela sua função ecológica e económica num sistema agrícola. Quando as árvores e as culturas são cultivadas em conjunto no mesmo pedaço de terra, há uma interação entre os dois componentes que pode ter resultados positivos ou negativos. Mas Gregersen *et al.*(1989) indicaram que as árvores permitidas durante a limpeza das florestas ou introduzidas nos sistemas agrícolas podem ajudar a melhorar a produtividade das terras agrícolas através da fixação de azoto, do fornecimento de estrume e da redução da erosão eólica e da perda de humidade do solo, especialmente quando são utilizadas em cinturas de abrigo ou quebra-ventos.

Muitas árvores indígenas foram utilizadas para satisfazer as necessidades locais melhor do que as espécies exóticas, contribuindo significativamente para as actividades socioeconómicas da população do Norte da Nigéria (Momodu *et al.*,1997). Recentemente, a atenção tem sido desviada para a utilização de árvores indígenas, o que pode ser devido aos problemas obtidos na utilização de árvores exóticas no sistema agroflorestal. Os problemas que resultaram numa má aceitação das árvores exóticas pelos agricultores podem ser, entre muitos, a competição desfavorável com as culturas por nutrientes, água e luz solar e, mais importante ainda, o problema da influência alelopática (Momodu *et al.*,1997). Em contraste, as espécies arbóreas indígenas polivalentes, como a *Adansonia digitata*, que evoluíram e se adaptaram ao longo do tempo aos sistemas agrícolas locais e às vantagens adicionais de utilizações polivalentes na produção de lenha, frutos comestíveis, folhas, óleos, taninos e medicamentos (Ibrahim e Otegbeye, 2004).

Não é raro que uma espécie local forneça combustível, alimentos, medicamentos, utensílios domésticos, materiais de construção e tenha importância social ou cultural. Um exemplo de uma árvore deste tipo na Tanzânia é a *Dichrostachys cinerea,* conhecida localmente como *mkulajembe* em Swahili, ou arbusto foice. Esta espécie é muito apreciada, particularmente na região de Dodoma, como fonte de material para construção, lenha, carvão, postes, forragem, artigos domésticos, goma, medicamentos e vedações. É também fixadora de azoto e os seus espinhos lenhosos afiados são utilizados como agulhas. As pessoas continuarão a utilizar as espécies autóctones enquanto estas estiverem disponíveis, porque estas espécies - tendem a ser de melhor qualidade;

- são conhecidos e respeitados pelos utilizadores;
- são geralmente um recurso de propriedade comum;
- pode ser obtido sem manutenção ou pagamento em dinheiro;
- fornecer produtos que não podem ser duplicados com espécies de crescimento rápido.

Uma vez que muitas destas espécies fornecem produtos arbóreos que são a pedra angular da estratégia de sobrevivência de uma família, a identificação de opções alternativas de colheita/gestão e de seleção de espécies é um passo extremamente importante para abrandar a desflorestação de florestas e bosques, bem como para ajudar a assegurar o fornecimento de produtos florestais vitais para as populações locais (Hines e Eckman,1993).

2.3 Espécies de árvores subutilizadas

O termo árvores subutilizadas refere-se às árvores que já foram cultivadas mais extensivamente, ou que podem vir a ser mais amplamente cultivadas no futuro, mas que, por razões económicas, agronómicas ou genéticas, são agora cultivadas em áreas limitadas e também receberam pouca atenção da investigação e desenvolvimento, havendo pouca informação científica sobre elas (Eyzaguirre *et al.,*1999). O seu valor económico potencial permanece subexplorado (Padulosi e Hoeschle-Zeledon, 2015) ou subdesenvolvido. Essas espécies persistem porque ainda são úteis para a população local, ocupando nichos especiais na agroecologia e nos sistemas de produção de semissubsistência. Algumas demonstram uma vantagem agronómica em termos de adaptabilidade à agricultura de baixo input e às terras marginais (Padulosi *et al.*, 2002), serviços ambientais ou recuperação de terras degradadas (De Groot e Haq, 1995). Muitas das espécies que são pouco conhecidas têm utilizações importantes para os agricultores e, por conseguinte, podem ser interessantes para os agricultores manterem nas suas explorações. O conhecimento tradicional está tipicamente associado à utilização destas espécies, enquanto o conhecimento científico está a emergir, mas é limitado. Assim, muitas destas espécies vegetais têm um valor de uso atual e privado para algumas das populações mais vulneráveis do mundo, bem como um valor potencial, tanto público como privado, que é em grande medida desconhecido (Gruere *et al.,*2006). No entanto, estas espécies arbóreas fazem parte de uma rica diversidade económica, social e cultural, e muitas têm o potencial de desempenhar um papel muito mais importante do que desempenham atualmente na manutenção dos meios de subsistência e do bem-estar humano e no reforço da saúde e estabilidade dos ecossistemas (Hawtin, 2007). Publicações recentes sublinharam a sua importância para os meios de subsistência dos pobres (Naylor *et al.*,2004), embora o argumento central que tem sido sustentado a favor da sua promoção hoje em dia seja que essas espécies estão de facto a ser cultivadas e utilizadas em pequenas áreas ou colhidas diretamente na natureza pelas comunidades indígenas como fonte de alimento, ração, abrigo, medicina, contribuindo de várias formas para melhorar a qualidade de vida nos sistemas agrícolas e florestais tradicionais. Por conseguinte, são espécies úteis que contribuem de forma consistente para o bem-estar da humanidade.

Além disso, nos países em desenvolvimento, os cientistas estão muito interessados em espécies de frutos silvestres subutilizadas através de trabalhos de investigação centrados na sua utilização sustentável e conservação. Nestes países, existem muitas espécies silvestres utilizadas pelas populações locais. Na República do Benim, os dados revelam uma riqueza de aproximadamente 3000 espécies de plantas (Akoe'gninou *et al.*,2006), entre as quais 172 espécies estão a ser utilizadas como alimento (Codjia *et al.*,2003) e 814 como plantas medicinais (Sinsin e Owolabi, 2001). Infelizmente, a utilização e o estatuto da maioria destes recursos utilizados pela população local continuam por documentar (Vitoule *et al.*,2014).

Na Reserva Florestal de Lama (LFR), muitas espécies de árvores silvestres são utilizadas para alimentação e medicina tradicional (Assogbadjo, 2000; Agbani, 2002). Nesta vasta gama de espécies de árvores silvestres comestíveis, duas que são subutilizadas são *Mimusops andongensis* Hiern e *Drypetes floribunda* (Mu"!!!. Arg.). Uma avaliação local, de acordo com os critérios da União Internacional para a Conservação da Natureza (UICN), classificou *Mimusops andongensis* Hiern como uma espécie ameaçada (EN) no Benim (Adomou *et al.*,2010; Neuenschwander *et al.*,2008) mas esta espécie não foi descrita na flora do Benim (Akoe'gninou *et al.*,2006). Isto pode indicar que a espécie é rara e não foi registada nos estudos de inventário.

Relativamente à *Drypetes floribunda,* não existe informação científica sobre o seu estado de conservação. Assim, ambas as espécies foram objeto de um estudo limitado para a sua utilização sustentável e conservação (Vitoule *et al.*,2014).

Além disso, a LFR (Reserva Florestal de Lama) é o principal habitat onde grandes populações destas duas espécies de árvores selvagens ocorrem atualmente no Benim (Dje'go *et al.*,2011). Este ecossistema natural é atualmente dominado por florestas densas (típicas e degradadas) e pousios. Os pousios foram sujeitos a perturbações humanas históricas e actuais através da instalação agrícola de populações vizinhas na reserva. A floresta densa historicamente degradada também tem sido sujeita a perturbações humanas, mais do que a floresta densa típica (Vitoule *et al.*,2014).

De acordo com autores como Pilgrim *et al.* (2007), o conhecimento indígena é uma componente essencial no processo de conservação da biodiversidade; é, portanto, necessário estar bem informado sobre as espécies que são utilizadas pelas pessoas para satisfazer várias necessidades. Na realidade, as comunidades locais têm utilizado estas espécies vegetais durante gerações, mas a atual perda de conhecimentos locais significa que as suas utilizações tradicionais estão a ser esquecidas. Muitas espécies subutilizadas podem dar um contributo importante para uma melhor dieta das comunidades locais (Osewa *et al.*, 2013). Apesar da utilidade percebida e dos potenciais inexplorados das espécies subutilizadas, tem-se observado que estas árvores estão a entrar em extinção, sugerindo assim a sua inexistência num futuro próximo previsível.

De acordo com Padulosi e Hoeschle-Zeledon, (2015) mostraram que existem vários factores estratégicos que precisam de ser tidos em conta para promover com sucesso espécies subutilizadas e, ao mesmo tempo, garantir que os benefícios são igualmente partilhados entre os membros da comunidade. Estes incluem:

• centrar-se nos valores locais, nos conhecimentos e utilizações autóctones: esta abordagem reforçará a ligação entre a diversidade e as utilizações sustentáveis e é importante para a comercialização;

• reconhecer as espécies subutilizadas como um bem público para garantir a disponibilidade e acessibilidade contínuas do material genético vegetal para as gerações actuais e futuras;

• centrar-se em grupos de espécies como modelos, através de abordagens de estudo de casos, a fim de utilizar da melhor forma os recursos limitados e facilitar a expansão e a integração dos resultados;

• promover a cooperação entre os grupos de partes interessadas e criar sinergias nacionais, regionais e internacionais: não se trata de uma opção, mas sim de uma necessidade; os esforços isolados e as histórias de sucesso devem ser ligados e divulgados;

• analisar e aumentar a procura utilizando estratégias orientadas para o mercado: esta abordagem criará mercados sustentáveis e reduzirá o risco de sobrestimar o potencial económico;

• Capacitar as populações rurais pobres e reforçar a sua capacidade de negociação com o sector privado e o governo: estas intervenções garantirão que os pobres e os desfavorecidos recebam a parte que lhes cabe dos benefícios resultantes do nosso processo de promoção. Esta é uma parte importante da abordagem dos meios de subsistência e é essencial porque muitas espécies subutilizadas são cultivadas em áreas pobres onde representam um dos poucos - se não o único - ativo da comunidade local;

• Integrar abordagens sensíveis ao género na gestão e utilização: estas abordagens permitirão a grupos como as mulheres - que são frequentemente marginalizadas - aumentar a sua capacidade de gerir, conservar e utilizar espécies subutilizadas de forma sustentável e - ao fazê-lo - reforçar o seu estatuto económico;

- Trabalho interdisciplinar: esta abordagem é fundamental para que as oportunidades das espécies subutilizadas - incluindo os aspectos nutricionais, económicos e sociais - sejam aproveitadas a todos os níveis.

Os instrumentos e métodos utilizados para levar a cabo esta agenda devem ser relativamente simples e pouco dispendiosos, dado que as espécies subutilizadas têm uma baixa prioridade entre os decisores políticos e que os recursos para o seu desenvolvimento são limitados. É necessário criar parcerias entre os actores envolvidos na recolha, conservação, utilização, melhoramento, marketing e comercialização de espécies subutilizadas. Uma abordagem participativa é essencial para garantir que as necessidades dos actores locais sejam adequadamente atendidas. Neste processo, os decisores políticos devem ser envolvidos porque têm um contributo importante a dar para a institucionalização do trabalho sobre espécies subutilizadas e para ajudar a proteger as comunidades locais que tentam obter benefícios da agrobiodiversidade local. O Instituto Internacional de Recursos Fitogenéticos (IPGRI), em estreita cooperação com a Unidade Global de Facilitação para Espécies Subutilizadas (GFU), está ativamente empenhado em várias iniciativas destinadas a aumentar a utilização de espécies subutilizadas para obter benefícios sociais e económicos que irão melhorar as condições de vida das pessoas em todo o mundo.

2.4 Ecologia

A floresta de savana do Norte da Nigéria é ricamente dotada de muitas árvores subutilizadas que têm elevados valores nutricionais, económicos e medicinais para o homem, tais como *Vitex doniana, Acacia sieberana, Acacia nilotica*. Estas árvores úteis crescem no estado selvagem e estão facilmente disponíveis no campo, uma vez que não requerem qualquer cultivo formal. Muitas delas são resistentes, adaptáveis e toleram condições climáticas adversas mais do que as espécies exóticas (Raghuvanshi e Singh, 2001). Embora possam ser cultivadas comparativamente a custos de gestão mais baixos e em solos marginais pobres, têm permanecido subutilizadas, devido à falta de conhecimento dos seus valores nutricionais em favor das exóticas (Chweya e Eyzaguirre, 1999; Odhav *et al.*,2007).

2.5 Diversidade de espécies de árvores

A distribuição e abundância de diferentes espécies de árvores numa paisagem é o que constitui a sua diversidade. A riqueza de espécies de árvores em locais de estudo definidos e na classe de diâmetro mínimo constitui um instrumento fiável para indicar o nível de diversidade de um sítio florestal (Wattenberg e Breckle, 1995). A diversidade implica riqueza (ou o número de espécies) e equidade (ou igualdade no número de indivíduos para cada espécie). Em geral, a diversidade refere-se ao número de categorias que podem ser diferenciadas e às proporções (ou abundâncias relativas) do número de objectos em cada categoria. Quando estudamos a diversidade de espécies de árvores, as categorias referem-se a diferentes espécies, enquanto os objectos são as árvores que são contadas (Kindt e Coe, 2005).

Tanto nos ecossistemas naturais como nos antropogénicos, a maior parte das plantas são gregárias, crescendo juntas em grupos de dimensões variáveis. Isto deve-se ao facto de a maioria se fixar no solo e, de várias formas (por semente, reprodução vegetativa a partir de fragmentos, por estolhos, bolbos, cormos, etc.), produzir descendentes que se estabelecem na proximidade das plantas-mãe (Pears, 1977). Isto leva a um crescimento em massa das plantas, o que se traduz no seu grau de diversidade. Vários estudos apresentam resultados sobre a diversidade das espécies arbóreas. Steege *et al.* (2000), analisaram a composição familiar da riqueza de espécies nas florestas da Amazónia e do escudo adjacente da Guiana, utilizando dados de 268 parcelas para testar os padrões de diversidade. Quase todas as parcelas (268) possuem informações sobre o número de indivíduos e o número de espécies, que foram utilizadas para o cálculo da alfa-diversidade. Kunwar e Sharma (2004), em duas florestas comunitárias do distrito de Dolpha, no centro-oeste do Nepal, registaram um total de 419 árvores individuais representando 16 espécies, 16 géneros e 11 famílias. Do mesmo modo, Kumar *et al.* (2006) contaram um total de 29 884 árvores, pertencentes a 165 espécies de árvores de 54 famílias, em 35 transectos de cintura em florestas primárias, secundárias e de Sal de Garo Hills.

Rad *et al.* (2009) compararam a diversidade de espécies vegetais com diferentes comunidades vegetais em florestas de folha caduca a norte de Teerão, tendo estabelecido 152 parcelas de amostragem. Nestas parcelas, foram registadas 104 espécies em diferentes estratos, incluindo 12 árvores, 9 arbustos e 83 ervas. Também Rasingam e Parathasarathy (2009), na pequena ilha de Andaman, na Índia, compararam os padrões de diversidade de espécies de árvores e a extensão dos danos causados pelo tsunami, tendo registado um total de 4252 árvores >30cm gbh, abrangendo 186 espécies em 25 géneros e 56 famílias nas parcelas amostradas. E, mais recentemente, o trabalho de Kumar *et al.* (2010) sobre a diversidade de espécies de árvores e o estado dos nutrientes do solo em três locais de floresta tropical decídua seca da Índia ocidental, onde registou um total de 93 espécies de árvores distribuídas por 85 géneros pertencentes a 24 famílias. A densidade do povoamento arbóreo variou entre 458 e 728 indivíduos ha^{-1} e a área basal média variou entre 5,96 e 19,31 m^2 ha .$^{-1}$

Na Nigéria, Onyekwelu *et al.* (2007) efectuaram um estudo sobre uma floresta primária (Queen's) e duas florestas degradadas (Elephant e Oluwa) na floresta tropical húmida da Nigéria, tendo encontrado um total de 31 famílias de árvores em todos os locais (26, 24 e 22 em Queen's, Oluwa e Elephant, respetivamente), tendo Queen o maior número de espécies de árvores (51), seguido de Oluwa (45) e, por último, a floresta de Elephant (31). Do mesmo modo, Ihenyen *et al.*(2009) determinaram a composição das espécies de árvores na Reserva Florestal de Ehor, no Estado de Edo, tendo encontrado um total de 2 062 povoamentos de árvores em 3 compartimentos de amostragem. Os 2 062 povoamentos de árvores identificados pertencem a 99 espécies de árvores distribuídas por 87 géneros e 36 famílias.

Do mesmo modo, na savana do Sudão, no noroeste da Nigéria, Isah e Shinkafi (2000) estudaram o solo e a vegetação da Reserva Florestal de Dabagi, no Estado de Sokoto, onde caracterizaram estruturalmente a composição florística da Reserva como tendo dois estratos: o estrato superior, constituído por árvores dispersas, e o estrato inferior (estrato herbáceo), constituído por arbustos, ervas e gramíneas. Registaram 11 espécies de árvores e descreveram a floresta como savana arbustiva. Também Zaki (2005) determinou a composição florística lenhosa das Reservas Florestais de Dabagi e Dogondaji, tendo registado um total de 27 espécies em Dabagi e 37 espécies em Dogondaji. Do mesmo modo, Malami (2005), na mesma zona ecológica da Reserva Florestal de Zamfara, onde dividiu a Reserva em zonas sul, norte e central, encontrou 24 espécies de árvores diferentes, com densidades médias de 102 ± 20,2, 122 ± 37,1 e 154 ± 24,8 para as zonas norte, central e sul, respetivamente. Num estudo semelhante efectuado por Mu'azu, (2010) na reserva vizinha de Kuyambana, na sua tentativa de determinar os recursos genéticos de plantas lenhosas da reserva, encontrou 39 espécies de plantas lenhosas, tendo *Isoberlinia doka* a maior densidade de espécies, dominância e densidade relativa.

2.6 Índices de diversidade

A diversidade local pode ser estudada com vários índices, como o número de espécies por unidade de área (riqueza de espécies) ou o índice de Shannon, entre outros (Rad *et al.,*2009). Os índices de diversidade fornecem um resumo da riqueza e da regularidade, combinando estas duas facetas da diversidade numa única estatística. Há muitas formas de combinar a riqueza e a regularidade, o que deu origem a muitos índices de diversidade diferentes. Alguns dos índices de diversidade mais comuns são os índices de diversidade de Shannon, Simpson e a série logarítmica alfa (Kindt e Coe, 2005).

Os índices de diversidade são um método mais compacto de comparação da diversidade. No entanto, um índice de diversidade muitas vezes não fornece informações suficientes para ordenar os sítios de alta a baixa diversidade. Os índices mais amplamente utilizados para medir a diversidade são os "índices da teoria da informação". Entre os vários índices deste tipo, o índice de Shannon-Wiener é o mais comummmente utilizado. A riqueza de espécies é essencialmente uma medida do número de espécies numa unidade de amostragem definida. Trata-se da componente básica da diversidade de qualquer comunidade e é relativamente simples de medir. As medidas de riqueza de espécies também fornecem uma expressão facilmente compreensível da diversidade (Aparajita, 2007).

Para quantificar a diversidade das espécies vegetais, aplica-se geralmente o índice de Shannon (H') como medida da abundância e da riqueza das espécies. Este índice, que tem em conta tanto a abundância como a riqueza das espécies, é sensível a alterações na importância das classes mais raras (Heuserr, 1998) e é o índice mais utilizado (Kent e Coker,1992). Para qualquer amostra, é calculado da seguinte forma

$$ H' = -\sum_{i=1}^{s} p_i \ln(p_i) $$

Onde, *5* é o número total de espécies na comunidade, e *Pi* é a proporção de *5* composta pela i-ésima espécie e *In* como logaritmo natural.

Além disso, o índice de Simpson (*D*) O índice de diversidade de Simpson é o método mais utilizado para estimar a diversidade da riqueza da comunidade e é utilizado para comparar diferentes comunidades ou habitats (Maguran, 2004). A diversidade de Simpson é menos sensível à riqueza e mais sensível à regularidade. A diversidade de Simpson é calculada da seguinte forma

$$ D = \sum p_1^2 $$

Onde: D= índice de diversidade de Simpson; e Pi^2 = proporção de espécies individuais

Por outro lado, a equitabilidade das espécies é um método amplamente utilizado e compreendido para estimar a equitabilidade das comunidades (Pielou, 1966). Pode ser determinada utilizando a equitabilidade de Shannon

$$E_H = \frac{H'}{H_{max}} = \frac{-\sum_{i=1}^{s} p_i \ln(p_i)}{\ln(s)}$$

Em que H' se refere ao índice de Shannon, tal como descrito acima, $Hmax$ - índice de diversidade máxima de Shannon e $ln(s)$ = logaritmo natural do número total de espécies na comunidade (tal como adotado por Rad *et al.*,2009; Onyekwelu *et al.*,2007; Kumar *et al.*, 2006; Kunwar e Sharma, 2004). Assume um valor entre 0 e 1, sendo 1 a equidade completa.

Os índices de diversidade variam consoante a localização e a zona ecológica climática. Bhat e Kaveriappa (2009), em comparação com as florestas pantanosas de água doce de Kulathupuzha, Anchal, Shendurney, Kathalkane, Pilarkan e Charmady Karnataka, obtiveram H' de 2,53, 3,69, 2.46, 4,04, 3,25 e 4,90, respetivamente, enquanto Kumar *et al.*(2010), em 3 sítios de floresta tropical seca decídua da Índia Ocidental, registaram um índice de Shannon-Weiner (H^I) que variava entre 0,67 e 0,79. O índice de dominância de Simpson variou de 0,08 - 0,16, o índice de riqueza de espécies de Margalef variou de 21,41 - 23,71, o índice de equitabilidade ou uniformidade variou de 0,02 - 0,05, o que indica variabilidade entre diferentes sítios florestais. (2007) obtiveram valores de Shannon (H^I) de 3,12, 3,31 e 2,82 nas florestas de Oluwa, Queen's e Elephant na região das florestas tropicais húmidas de planície da Nigéria, o que se situa dentro dos limites gerais de 1,5-3,5 (Kent e Coker, 1992).

3.1 MATERIAIS E MÉTODOS

3.2 Área de estudo

Este estudo foi efectuado na Área de Governo Local de Wamakko (LGA) do Estado de Sokoto. A LGA foi criada a partir da antiga Área de Governo Local de Sokoto em 1991 e tem atualmente dez (10) distritos: Dundaye, Wamakko, Gumbi, Gumburawa, Gedawa, Kalambaina, Wajeke, Arkilla, Gwiwa e Gidan Buba. A área de estudo situa-se entre as latitudes 13°- 13°2'16"N e as longitudes 5°- 5°5'37"E (NGIA, 2016). Faz fronteira a norte com o Governo Local de Tangaza, a sul com as Áreas do Governo Local de Bodinga e Yabo, a oeste com o Governo Local de Silame e a leste com as Áreas do Governo Local de Sokoto e Kware. Tem uma área de 697 km^2 e uma população de 208.250 habitantes (NPCN, 2011). A principal ocupação da população é a agricultura, a pesca e o comércio. Os principais grupos étnicos são os Hausa e os Fulani; outras tribos nigerianas também residem e vivem pacificamente com os indígenas do estado (Roger *et al.*, 2006; SSMIYSC, 2013).

3.1.1 Clima

O clima da área de estudo é caracterizado por uma longa estação seca (outubro/novembro-abril/maio) com uma curta estação chuvosa (maio-setembro/outubro) (SERC, 2004). A precipitação começa no final de maio e termina no final de setembro ou no início de outubro, com uma precipitação anual que varia entre 400 e 700 mm (Singh, 1995; Birnin-Yauri *et al.*, 2011). As temperaturas mínima e máxima são de 19°C e 34°C, respetivamente, com uma temperatura média anual de 27°C. A humidade relativa é de 52% a 56%. A área de estudo tem vento harmattan (ventos alísios N-E), que é seco, frio e poeirento e sopra de novembro a fevereiro. Os solos da área de estudo são predominantemente arenosos a franco-arenosos com baixo nível de fertilidade, particularmente pobres em nutrientes primários como o azoto, o fósforo e o potássio (Abdullahi *et al.*, 2010; Birnin-Yauri *et al.*, 2011).

3.1.2 Vegetação

A área de estudo insere-se na zona de vegetação da Savana do Sudão, caracterizada por uma variedade de várias espécies de gramíneas e leguminosas, manchas de arbustos e espécies arbóreas indígenas escassamente distribuídas, a maioria das quais são espinhosas (Baba *et al.*,2005; Ango *et al.*,2014; Malami e Abdullahi, 2015). Estas árvores incluem *Acacia spp, Adansonia digitata, Combretum nigricans var, Elloitic, Combretum micranthum, Guiera senegalensis*. Uma coroa superior acima dos arbustos é um andar superior disperso no qual as árvores mais comuns são *Prosopis africana, Sclerocarya bierra, Balanites aegyptiaca, Combretum lamprocarpum* e *Terminalia avicenniodes*. Também estão presentes *Hyphaene thebaica* e *Borassus aethiopum*. As gramíneas comuns são *Loudetia togoensis, Andropogon pseudopricus, Andropogon gayanus, Tripogon minmus, Brachiavia stigmatisata* e *Sporobolus festins* (SACDP/IFAD, 1998; Alagbe, 2006; Isah, 2007; Umar, *et al.*, 2014; Malami e Abdullahi, 2015; Awodoyin *et al.*, 2015).

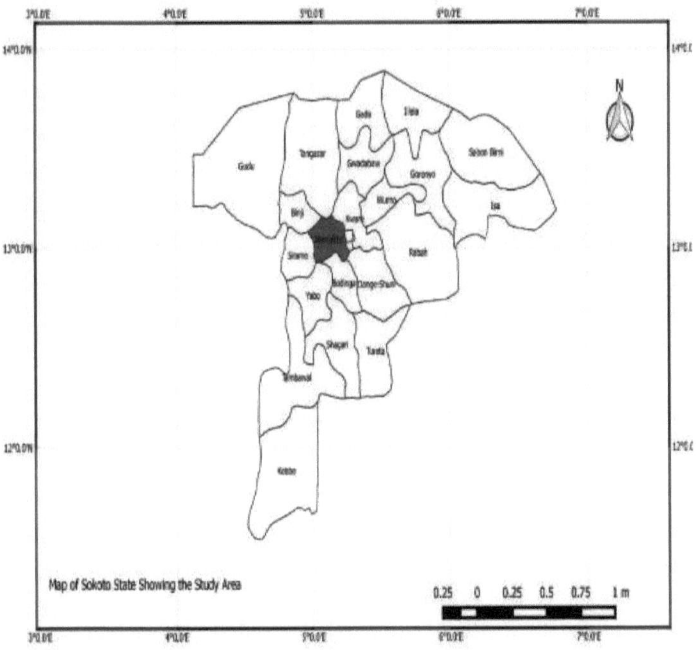

Figura 1: Mapa de Sokoto que mostra a área de estudo

3.3 Quadro de amostragem

A estrutura da amostra para o estudo incluiu setecentos e cinquenta (750) inquiridos (Quadro 3.1).

3.4 Técnica de amostragem e procedimento de amostragem

Para o estudo, foram utilizadas as técnicas de amostragem selectiva e aleatória simples.

Doze de 289 aldeias de sete distritos foram selecionadas propositadamente com base na elevada densidade da vegetação e no potencial para ter espécies de árvores indígenas subutilizadas. Cinquenta por cento dos agricultores em cada uma das aldeias estudadas foram selecionados aleatoriamente e receberam o questionário. Isto dá um total de 390 inquiridos (Quadro 1), embora só tenham sido recolhidos 308 questionários.

Quadro 3.1: Distritos, aldeias e número de agricultores incluídos na amostra na área da administração local de Wamakko do Estado de Sokoto.

Distritos de estudo	Aldeias incluídas na amostra	População total de agricultores nas aldeias da amostra. [a]	Número de inquiridos selecionados (50% da população agrícola)
Dundaye	Takalmawa	50	25
	Majema	48	24

	Kwalkwalawa	80	40
Wajeke	Wajeke	50	25
	Baga	66	33
Gidan Buba	Tunga diko	80	40
Gumburawa	Gumburawa	90	45
Gwiwa	Sabon Gandu Ardo	70	35
Gumbi	Kasarawa	46	23
	Bado Barade	50	25
Wamakko	Boyen dutse	80	40
	Kaura kimba	70	35
Total	12 aldeia	780	390

Fonte: Inquérito de campo, 2015[a] a partir de informações locais

3.5 Recolha de dados

3.4.1 Caraterísticas socioeconómicas dos agricultores

Foram utilizados questionários e entrevistas programadas na língua local (Hausa) para recolher informações dos agricultores sobre as suas caraterísticas socioeconómicas, tais como o sexo (género), a idade (anos), o estado civil, o nível de escolaridade e a profissão. Outras informações recolhidas incluíam os nomes locais, as partes utilizadas e a função de consumo das árvores.

3.4.2 Observação no terreno e discussão em grupo

Foram efectuadas observações de campo nos locais de estudo através de um transecto pedestre onde se distribuía a maior parte das espécies de árvores polivalentes subutilizadas. O objetivo da observação no terreno era obter informações reais sobre o hábito de crescimento e a identificação das espécies em estudo. Em cada local de estudo foi efectuada uma discussão em grupo, onde foram identificadas as espécies de árvores subutilizadas. Todas as espécies de árvores subutilizadas listadas no inquérito socioeconómico foram verificadas e as ideias idiossincráticas foram removidas dos dados. **3.4.3 Identificação das árvores**

Todas as árvores encontradas foram identificadas e registadas pelos seus nomes locais e científicos utilizando a flora da Nigéria e a experiência. Os espécimes de árvores foram recolhidos e levados para o Herbário da Universidade Usmanu Danfodiyo, Sokoto, para identificação das árvores que não puderam ser identificadas no terreno.

3.4.4 Estudo da vegetação

Foi utilizada uma técnica de amostragem aleatória e foi aplicado um método de quarto centrado no ponto (PCQ) com parcelas de 20m x 20m (400m^2), estabelecidas ao longo de um transecto pedestre de 300-1000m de espaço a 200m umas das outras. As parcelas foram marcadas com cinco estacas de alcance, dentro das parcelas, árvores individuais com > 30cm de diâmetro (medido à altura do peito) foram consideradas como árvores, e silvestres com < 10cm de diâmetro. Foi utilizado um total de quarenta e quatro parcelas para o estudo. Todas as espécies de árvores encontradas numa parcela foram identificadas pelos seus nomes locais com a ajuda dos agricultores e foram registadas. As medidas das árvores foram o diâmetro à altura do peito e o diâmetro do colo para os animais selvagens, utilizando uma fita métrica e um compasso de calibre vernier, e foram determinadas com base no tamanho da população de animais selvagens e de árvores, conforme modificado de Shankar (2001). A bifurcação das árvores abaixo da altura do peito foi medida de forma independente e foi calculado o DAP médio.

3.5 Análise dos dados

Os dados obtidos foram submetidos a uma análise estatística utilizando o software SPSS (versão 20). Foi utilizada a estatística descritiva sob a forma de frequência e percentagem

para atingir os objectivos um e três, respetivamente, enquanto o objetivo dois foi atingido utilizando o seguinte;

(i) Índice de diversidade de Shannon (H'): O índice de diversidade de espécies tem em conta o número de espécies presentes, bem como a abundância de cada espécie. O valor de H' situa-se geralmente entre 1,5 e 3,5 e só raramente ultrapassa 4,5 (Clarke e Warwick, 2001; Maguran, 2004). A diversidade de espécies foi estimada utilizando o índice de diversidade de Shannon-Wiener, conforme citado por Spellerberg (1991); Turyahabwe e Tweheyo (2010). A equação do índice de diversidade de Shannon-Wiener é a seguinte

$$H' = -\sum_{i=1}^{s} p_i \ln(p_i)$$

Onde: H' = índice de diversidade de Shannon-Wiener; S = número total de espécies na comunidade; p_i = proporção de S constituída pela i-ésima espécie; ln = logaritmo natural.

(ii) O índice de diversidade máxima de Shannon foi calculado utilizando a fórmula;

$$H\,max = \ln(s)$$

(iii) Riqueza de espécies: É definida como o número de espécies por quadrado, área ou comunidade. Neste caso particular, o número de espécies observadas em todas as parcelas de amostragem de cada uso do solo em cada área de estudo foi utilizado como representação da riqueza de espécies. A riqueza de espécies ou índice de variedade (d) foi determinada pela fórmula

$$d = \frac{S}{\sqrt{N}}$$

(Margalef, 1958).

Onde, d = índice de riqueza de espécies de Margalef; S = o número de espécies encontradas; N = o número total de indivíduos de todas as espécies de árvores.

(iv) Equivalência: refere-se à proporção que cada espécie representa no conjunto. É uma

método amplamente utilizado e compreendido para estimar a regularidade das comunidades (Pielou, 1966). A equitabilidade das espécies na comunidade foi obtida utilizando a equitabilidade de Shannon (*EH*):

$$E_H = \frac{H'}{H_{\max}} - \frac{-\sum_{i=1}^{s} p_i \ln(p_i)}{\ln(s)}$$

Em que H' se refere ao índice de Shannon, tal como descrito acima, H_{max} - índice de diversidade máxima de Shannon e $ln(s)$ = logaritmo natural do número total de espécies na comunidade (tal como adotado por Rad *et al.*,2009; Onyekwelu *et al.*,2007; Kumar *et al.*, 2006; Kunwar e Sharma, 2004). Assume um valor entre 0 e 1, sendo 1 completamente par.

CAPÍTULO 4

4.0 RESULTADOS

4.1 Caraterísticas sócio-económicas dos agricultores

As caraterísticas socioeconómicas dos inquiridos consideradas neste estudo incluíam o género (sexo), a idade (anos), o estado civil, o nível de escolaridade e a profissão. A Tabela 4.1 revelou que a maioria dos inquiridos era do sexo masculino, com idades compreendidas entre os 26 e os 65 anos (78,8%); enquanto os jovens (16-25) eram apenas 8,1% e os idosos (66 e mais) eram apenas 13,1% e eram casados (89,0%), enquanto, por outro lado, muito poucos (11,0%) eram solteiros. Em termos de educação, 38,8% dos agricultores tinham educação corânica, enquanto 55,4% tinham educação formal: educação para adultos, primária, secundária ou pós-secundária e apenas alguns (5,8%) não tinham educação formal.

Tabela 4.1: Caraterísticas sócio-económicas dos participantes (n = 308)

Variáveis	Frequência	Proporção (%)
Género		
Masculino	264	85.7
Feminino	44	14.3
Total	**308**	**100.0**
Idade (anos)		
16-25	25	8.1
26-35	54	17.5
36-45	62	20.1
46-55	73	23.7
56-65	54	17.5
66 anos ou mais	40	13.1
Total	**308**	**100.0**
Estado civil		
Individual	34	11.0
Casado	274	89.0
Total	**308**	**100.0**
Nível de escolaridade		
Apenas ensino corânico	119	38.8
Sem educação formal	18	5.8
Ensino primário	26	8.4
Educação de adultos	17	5.5
Ensino secundário	66	21.4
Ensino superior	62	20.1

Total	**308**	**100.0**
Ocupação		
Agricultura	139	45.1
Pesca	28	9.1
Comércio/negócio	46	14.9
Funcionário público	38	12.3
Estudante	57	18.6
Total	**308**	**100.0**

Fonte: Inquérito de campo, 2015

4.2 Diversidade de Espécies Indígenas de Árvores Multiuso Subutilizadas.

Foi encontrado um total de vinte e duas espécies de árvores indígenas subutilizadas e polivalentes nas 25 parcelas amostradas aleatoriamente, tendo sido identificadas diferentes espécies distribuídas por 15 famílias. A família Fabaceae tinha seis (6) espécies; Caesalpinaceae, e Rhamnaceae, tinham duas (2) espécies cada e Anacadiaceae, Balanitaceae, Bombacaceae, Urticaceae, Ebenaceae, Meliaceae, Myrtaceae, Palmeae, Tiliaceae, Saportaceae,

Verbenaceae, com uma (1) espécie cada, como mostra o Quadro 4.2.

Tabela 4.2: Lista de espécies de árvores polivalentes subutilizadas encontradas na Distrito de Wamakko, Sokoto Nigéria.

Nome científico (Família)	Nome local (Hausa)	Ha bit	Valores acrescentados	Peça utilizada	Modo de utilização
Acacia nilotica (Fabaceae)	*Bagaruwa*	S/T	Fu, Fe, Fd, Fh, Sh, M	S, L St	F
Acacia sieberiana (Fabaceae)	*Farar kaya*	S/T	Fe, M, Co	St	D
Adansonia digitata (Bambacaceae)	*Kuka*	T	M, Fd, F	L,S	F, D
Azardirachta indica (Meliaceae)	*Dogon yaro*	T	Sh, Fu, M, T	L, St	F
Balanites aegyptiaca (Balanitaceae)	*Aduwa*	T	T, Fe, Fu, Sc, Fh, M, F	W	F, D
Bauhinia rufescens (Fabaceae)	*Jirga*	S/T	Fu, M, Fd,	F, St	F
Butyrospermum parkii (Fabaceae)	*Kaide*	T	Fu, M, Sh, P, T, Fd	F, St	D
Cassia siamea (Fabaceae)	*Malga*	S/T	M, Fu, T, Fh, Fd, Sh	F, St,	F
Combretum micranthum (combretaceae)	*Geiza*	S /T	M, Fu	W	F
Diospyros mespiliformis (Ebenaceae)	*Kaiwa*	T	M, Fu, Fd	St, F	P, F
Eucalyptus cameldulensis (Myrtaceae)	*Turare/Zaiti*	T	M, Fu, T	St, L	F, D
Faidherbia albida (Fabaceae)	*Gawo*	T	Co, Fu, Fd, T, M	L, St, R	F, D
Ficus thonningii (Urticaceae)	*Chediya*	T	Fu, Sh, M	S, R, L	D
Grewia mollis (Fabaceae)	*Kamumowa*	S	M	R	F
Hyphaene thebaica (Palmae)	*Goriba*	T	Fu	F	F
Parkia biglobosa (Fabaceae)	*Doruwa*	T	Fu, M, T, Sh, F	S, St	D
Piliostigma reticulatum (Caesalpinaceae)	*Kalgo*	T	M, Fd, Fh, Fu, Sh, Co	St, R	F, D
Spondias spp (Anacadiaceae)	*Nunu/Loda*	S/T	M, Fu, Fd	F, L,	F, D

				St	
Tamarindus indica (Caesalpiniaceae)	*Tsamiya*	T	Fe, Fu, T, M, Fd, Sh, P, F	S, St, L,R	D
Vitex doniana (Verbenaceae)	*Dunya*	T	Fu, Fd, M, Sh	F	F
Ziziphus abyssinica (Rhamnaceae)	*Magariya*	S/T	Fu, Fd, M	L,R	F, D
Ziziphus spina-christi (Rhamnaceae)	*Kurna*	S/T	Fe, Fu, Fd, M, T, Sh, F	F, St, L,R	F, D

Fonte: Inquérito de campo, 2015

Chave para as abreviaturas: Hábito; S, arbusto; T, árvore; Valor acrescentado: Fu, madeira para combustível; Ch, carvão vegetal; M, medicinal; Co, construção; Fe, vedação; Sc, conservação do solo e da água; Fd, forragem; Sh, sombra; P, produção; T, madeira; FH, ferramentas agrícolas e domésticas; F, alimentos. Partes utilizadas (Pu): F, fruto; R, raiz; L, folha; St, casca do caule S, semente; W, parte inteira. Modo de utilização (MD): F, fresco; P, preparado/cozinhado; D, seco e preparado.

4.3 Índice de Diversidade de Árvores e Espécies Silvestres Subutilizadas

Os valores de diversidade de Shannon para as árvores e os animais selvagens foram 2,6205 e 2,1419, respetivamente, como mostram os quadros 4.3 e 4.4.

Tabela 4.3: Índice do Valor de Diversidade de Shannon (H') para a árvore

Espécies de árvores	N	P i	lnP i	-P i lnP i
Acácia nilótica	23	0.2072	-1.5740	0.3261
Acacia sieberiana	1	0.0090	-4.7095	0.0424
Adansonia digitata	10	0.0901	-2.4069	0.2169
Azardirachta indica	8	0.0721	-2.6301	0.1896
Balanites aegytiaca	16	0,1441	-1.9369	0.2791
Bauhinia rufescens	4	0.0360	-3.3232	0.1196
Butyrospermum parkii	1	0.0090	-4.7095	0.0424
Cassia siamea	1	0.0090	-4.7095	0.0424
Combretum micranthum	1	0.0090	-4.7095	0.0424
Diospyros mespiliformis	2	0.0180	-4.0164	0.0729
Eucalipto cameldulensis	2	0.0180	-4.0164	0.0729
Faidherbia albida	8	0.0721	-2.6301	0.1896
Ficus thonningii	2	0.0180	-4.0164	0.0729
Grewia mollis	1	0.0090	-4,7095	0.0424
Hyphaene thebaica	2	0.0180	-4.0164	0.0729
Parkia biglobosa	3	0.0270	-3.6109	0.0975
Piliostigma reticulatum	7	0.0631	-2.7636	0.1744
Spondias spp	3	0.0270	-3.6109	0.0975
Tamarindus indica	3	0.0270	-3.6109	0.0975
Vitex doniana	5	0.0450	-3.1001	0.1395
Zizyphus Abyssinia	8	0.0721	-2.6301	0.1896

| Total | 111 | | 2.6205 |

Fonte: Inquérito de campo,
2015

Tabela 4.4: Índice do valor de diversidade de Shannon (H') para os animais selvagens

Selvagem	N	P_i	$\ln P_i$	$-P_i \ln P_i$
Acácia nilótica	24	0.2034	-1.5926	0.3239
Acacia sieberiana	6	0.0508	-2.9789	0.1513
Adansonia digitata	7	0.0593	-2.8248	0.1675
Azardirachta indica	16	0.1356	-1.9981	0.2709
Balanites aegytiaca	29	0.2458	-1.4034	0.3449
Bauhinia rufescens	4	0.0339	-3.3844	0.1147
Butyrospermum parkii	2	0.0169	-4.0775	0.0689
Combretum micranthum	1	0.0085	-4.7707	0.0406
Faidherbia albida	1	0.0085	-4.7707	0.0406
Grewia mollis	1	0.0085	-4.7707	0.0406
Hyphaene thebaica	3	0.0254	-3.6721	0.0933
Parkia biglobosa	1	0.0085	-4.7707	0.0406
Piliostigma reticulatum	2	0.0169	-4.0775	0.0689
Tamarindus indica	1	0.0085	-4.7707	0.0406
Zizyphus Abyssinia	19	0.1610	-1.8262	0.2940
Zizyphus spina-christi	1	0.0085	-4.7707	0.0406
Total	**118**			**2.1419**

Fonte: Inquérito de campo, 2015

4.5 Riqueza (R) e Equitabilidade (E) das espécies

O quadro 4.5 mostra que os animais selvagens são mais ricos na zona de estudo, com 7,7977 em comparação com as árvores (7,3351). Os silvestres apresentaram o menor valor de equidade, 0,4489, em comparação com as árvores (0,5564). Verificou-se que os silvestres apresentavam o índice de diversidade máxima de Shannon mais elevado, 4,7707, seguido das árvores (4,7095).

Tabela 4.5: Riqueza de espécies (R) e uniformidade (E)

Índices de diversidade	Árvores	Selvagens
Diversidade máxima de Shannon	4.7095	4.7707
Riqueza de espécies	7.3351	7.7977
Equivalência das espécies	0.5564	0.4489

Fonte: Inquérito de campo, 2015

4.6 Conhecimentos sobre a utilização tradicional de espécies arbóreas subutilizadas

O quadro 4.6 mostra que cerca de 46,7% dos agricultores têm conhecimentos moderados sobre as utilizações das espécies arbóreas subutilizadas, 42,9% têm conhecimentos sobre as utilizações das espécies arbóreas subutilizadas, enquanto 10,4% não têm conhecimentos sobre as utilizações das espécies arbóreas subutilizadas.

Tabela 4.6: Conhecimento sobre os usos tradicionais de espécies de árvores subutilizadas

Conhecimentos Frequência Proporção (%)

Conhecimentos	Frequência	Proporção (%)
Conhecedor	132	42.9
Conhecimento moderado	144	46.7
Não tem conhecimento	32	10.4
Total	**308**	**100.0**

Fonte: Inquérito de campo, 2015

4.7 As razões para a subutilização das espécies de árvores

As razões para a subutilização das espécies arbóreas na área mostraram que 57,5% dos agricultores indicaram informação inadequada, 30,2% falta de promoção, enquanto 12,3% indicaram o fator geracional.

Tabela 4.7: Razões para a subutilização das espécies de árvores na área

Motivos Frequência	Proporção (%)
Falta de promoção 93	30.2
Informações inadequadas 177	57.5
Fator geracional 38	12.3
Total 308	**100.0**

Fonte: Inquérito de campo, 2015

4.8 Fontes de informação sobre a utilização de espécies arbóreas subutilizadas

As fontes de informação são canais através dos quais os agricultores têm acesso à informação sobre o uso de espécies arbóreas subutilizadas. A fonte de informação indicada na Tabela 4.8 foi através dos pais/avós (53,2%), enquanto que apenas 0,3% acederam à informação através dos agentes de extensão.

Tabela 4.8 : Fonte de informação sobre a utilização de espécies arbóreas subutilizadas

Fonte de informação Frequência	Proporção (%)
Agentes de extensão 1	0.3
Rádio/televisão local 12	3.9
Amigos e familiares 100	32.5
Associação de agricultores 12	3.9
Jornal/panfleto 3	1.0
Telemóvel 16	5.2
Pais/avós 164	53.2
Total 308	**100.0**

4.9 Papel/Importância das espécies arbóreas subutilizadas

O papel/importância das espécies arbóreas subutilizadas foi examinado entre os agricultores da área de estudo. O resultado apresentado no Quadro 4.9 mostra que a importância mais notável foi a fertilidade do solo (35,1%), o rendimento suplementar (30,6%) e a segurança alimentar (24,3%), que desempenham um papel fundamental no apoio aos meios de subsistência rurais.

Tabela 4.9: Papel/Importância das espécies arbóreas subutilizadas

Papéis/importância	Frequência	Proporção (%)
Alívio da pobreza	14	4.5
Fertilidade do solo	108	35.1
Oportunidade de emprego	17	5.5
Rendimento suplementar	94	30.6
Segurança alimentar	75	24.3
Total	**308**	**100.0**

4.10 Formas de incentivar a transferência de conhecimentos indígenas para as crianças

Os resultados da Tabela 4.10 indicam as formas utilizadas pelos agricultores para manter a transferência dos conhecimentos indígenas sobre as árvores subutilizadas para os seus filhos, a fim de evitar a extinção. A maioria (70,1%) dos agricultores preferiu o aconselhamento e a orientação, 19,8% dos agricultores indicaram o aconselhamento comunitário e 10,1% os contos populares.

Tabela 4.10: Formas de incentivar a transferência de conhecimentos indígenas para as crianças

Forma de incentivar a transferência	Frequência	Proporção (%)
Contos populares	31	10.1
Enrolamento comunitário	61	19.8
Coaching e tutoria	216	70.1
Total	**308**	**100.0**

CAPÍTULO 5

5.1 DISCUSSÃO

5.1 Caraterísticas sócio-económicas dos agricultores

Os inquiridos neste estudo eram homens e mulheres. Uma maior proporção dos inquiridos era do sexo masculino, provavelmente devido às tradições da área de estudo, em que as mulheres estão maioritariamente dentro de casa e os homens fazem a maior parte das actividades ao ar livre. Esta pode ser a razão provável pela qual os homens eram mais acessíveis do que as mulheres no período de estudo. Embora as conclusões de Ango *et al.* (2011) tenham demonstrado que a maioria dos homens da população rural da zona norte do país se dedica à agricultura, enquanto as mulheres participam apenas na geração de filhos, nas tarefas domésticas e noutras tarefas domésticas, bem como na transformação de produtos agrícolas. Com base na idade, as pessoas mais velhas tinham mais conhecimentos ou interesse na utilização de espécies arbóreas subutilizadas do que os jovens, porque os pensamentos, o comportamento e as necessidades das pessoas estão principalmente relacionados com a sua idade. Isto está de acordo com o trabalho de Rojes *et al.* (2001), que afirma que os homens e mulheres mais velhos de uma comunidade têm mais conhecimentos tradicionais sobre espécies vegetais do que os jovens da mesma comunidade. A implicação é que os jovens não estavam envolvidos na utilização de espécies arbóreas subutilizadas de forma apreciável. Além disso, os casados entre os inquiridos tinham mais responsabilidades de cuidar da família e de lhes fornecer todas as necessidades básicas, em comparação com os jovens, através da utilização dos conhecimentos tradicionais sobre espécies de árvores. Independentemente dos antecedentes educacionais formais ou informais, todos os agricultores demonstraram algum conhecimento sobre as espécies de árvores subutilizadas. A área de estudo é rica em espécies arbóreas polivalentes subutilizadas e moderadamente distribuídas. A maioria das espécies de árvores subutilizadas encontradas fornece outros serviços, incluindo valor medicinal, lenha e carvão, construção, madeira e utensílios agrícolas e domésticos. Estes níveis de utilização são significativos para os inquiridos na área de estudo.

5.2 Diversidade de espécies

As espécies arbóreas subutilizadas desempenham um papel significativo tanto na vida humana como na estabilidade do ecossistema. Dependendo das espécies de árvores disponíveis numa zona ecológica, os índices de diversidade variam de acordo com a localização, a área do governo local de Wamakko é abençoada com uma diversidade moderada de 2,6205 (árvore) seguida por wildling com 2,1419, isto cai dentro dos limites gerais de 1.5-3,5 (Kent e Coker,1992), ligeiramente inferior ao de Inuwa (2016), que registou um valor de diversidade de 2,6502 e 2,4394 (árvores e plântulas) no parque da cidade de Gwarzo, mas superior ao de Dikko (2012) em Dabagi, com um valor H' de 1,45. Isto implica que o clima favorece a diversidade e pode ser parcialmente responsável pelo índice de diversidade obtido em Wamakko; e pode ser que os factores ecológicos ditem a distribuição e a abundância de variedades de diferentes espécies, tal como descrito por Causton (1988).

A uniformidade das espécies da área de estudo é inferior à do distrito de Chilga, no noroeste da Etiópia: foco em plantas lenhosas selvagens (0,66), conforme registado por Tebkew *et al.*(2014). Isto pode dever-se a uma competição moderada pelo espaço entre as espécies arbóreas, tendo em conta a natureza do sítio. Isto pode dever-se à abundância relativa de indivíduos dentro de uma espécie (Kricher e Morrison 1998). Aparajita (2007) descreveu a riqueza de espécies como o componente básico da diversidade de qualquer comunidade. O índice de Margalef não tem valor limite e apresenta uma variação consoante o número de espécies (Shah e Pandit, 2013). Isto implica que quanto mais elevado for o valor, mais elevada é a riqueza, pelo que as espécies selvagens eram mais ricas do que as árvores. Uma riqueza elevada de espécies significa uma maior diversidade, o que conduz a uma maior estabilidade da comunidade (Macarthur, 1955). Isto está de acordo com Podong e Poolsiri (2013), que afirmaram que as espécies do solo podem estabelecer-se muito rapidamente quando a intensidade da luz é suficientemente elevada e, especialmente, quando a luz pode penetrar diretamente no solo durante a formação de fendas.

5.3 Conhecimentos sobre a utilização tradicional de espécies de árvores subutilizadas

As árvores na área de estudo indicavam o nível de utilidade e familiaridade da comunidade com estas árvores. Na realidade, os agricultores utilizam estas espécies de árvores há gerações, mas a atual perda de conhecimentos locais significa que as suas utilizações tradicionais estão a ser esquecidas. Os inquiridos mais jovens tinham conhecimentos mais limitados do que os mais velhos na área de estudo. Henry *et al.* (2014) afirmou que a diversidade de espécies de árvores subutilizadas e o conhecimento local associado estão a perder-se rapidamente. Isto confirma o que Gruere *et al.* (2006) referiram que o conhecimento tradicional está tipicamente associado à utilização destas espécies, enquanto o conhecimento científico está a emergir, mas é limitado.

Além disso, Tebkew *et al.* (2014) afirmaram que só a experiência e os conhecimentos tradicionais podem ser utilizados e geridos por estas árvores. Além disso, Anywar *et al.* (2014) afirmaram que o conhecimento destas espécies de árvores subutilizadas foi adquirido e transmitido oralmente pelos mais velhos aos jovens, mas também pelos pares e amigos. Algumas das informações foram transmitidas a outros enquanto trabalhavam nos campos através da participação direta e também através da observação de outros a utilizá-las. As crianças também aprenderam com as suas mães enquanto estavam nos campos. Também se observou que muitos dos jovens frequentavam a escola formal, pelo que não tinham muito tempo para interagir com os mais velhos, que são os guardiães deste conhecimento, pelo que o seu processo de aprendizagem é dificultado. Tabuti, 2007; Odhav *et al.*(2007) documentaram tendências semelhantes. Por exemplo, Larson (1998) afirmou que as espécies de árvores e o conhecimento das árvores foram construídos através de gerações de vida em contacto estreito com a natureza e o ambiente, o que lhes permite viver com sucesso no seu ambiente.

5.4 A razão da subutilização de espécies de árvores

As razões para a subutilização das espécies arbóreas subutilizadas podem dever-se em grande parte à preferência, bem como à informação inadequada. Hawtin (2007) disse que é a disponibilidade inadequada de informação e uma falta geral de sensibilização por parte do público em geral, produtores, consumidores, decisores políticos, doadores e outros sobre a contribuição potencial que muitas espécies subutilizadas poderiam dar ao desenvolvimento económico, social e cultural, sustentando os meios de subsistência, melhorando o bem-estar humano e contribuindo para a saúde e estabilidade do ecossistema. Jaenicke e Hoschle-Zeledon (2006) afirmaram que o desenvolvimento de espécies vegetais subutilizadas ainda é dificultado por uma falta geral de sensibilização em todos os sectores da sociedade e pela falta da capacidade necessária na comunidade de investigação. Esta falta de sensibilização leva a que não seja dada a devida atenção à criação de um ambiente político favorável às árvores subutilizadas e a que não sejam investidos recursos financeiros e humanos suficientes na investigação e no desenvolvimento.

5.5 Fontes de informação sobre a utilização de espécies arbóreas subutilizadas

Os agricultores têm acesso a informação sobre a utilização de árvores subutilizadas principalmente através dos seus pais/avós e amigos/parentes. Ao contrário do que Osewa *et al.* (2013) descobriram, ele disse que cerca de 94% dos agricultores usaram o rádio como fonte de informação. Pilgrim *et al.* (2007) observou que o conhecimento indígena é um componente essencial no processo de conservação da biodiversidade; é, portanto, necessário estar bem informado sobre as espécies que são usadas pelas pessoas para satisfazer várias necessidades. Hawtin (2007) sublinhou no seu estudo que foram realizadas várias entrevistas telefónicas, discussões diretas e presenciais e trocas de correio eletrónico com vários indivíduos-chave para obter mais sugestões e conhecimentos sobre vários aspectos do estudo das actividades de investigação e desenvolvimento de espécies vegetais subutilizadas.

5.6 Papel/Importância das espécies arbóreas subutilizadas

As espécies arbóreas subutilizadas prestam serviços como a preparação de remédios, madeira para combustível, vedações, construção e madeira, implementos agrícolas e domésticos e forragem para o gado. As espécies arbóreas subutilizadas fornecem renda suplementar e fertilidade do solo, que foram as mais notáveis entre os agricultores da área de estudo. Tebkew *et al.* (2014) indicaram que o papel gerador de rendimento das plantas silvestres subutilizadas pode ser vendido nos mercados domésticos ou exportado para países vizinhos. Frison *et al.*(2000) documentaram tendências semelhantes. As árvores desempenham um papel significativo, contribuindo para o fornecimento de nutrientes ao solo através da folhada e controlando a erosão do solo, estabilizando os climas regionais e globais; fornecem sumidouros de carbono e actuam no controlo da poluição e na provisão de rendimento suplementar para cumprir os objectivos de desenvolvimento do milénio (ODM), conforme relatado por Adamu (2006); Jaenicke e Hoschle-Zeledon (2006). Mas as pessoas que beneficiam das espécies subutilizadas num mundo globalizado não são apenas os pobres, mesmo os ricos beneficiam delas.

5.7 Formas de incentivar a transferência de conhecimentos para as crianças

As campanhas de sensibilização podem criar ou reavivar o interesse pelas espécies arbóreas subutilizadas e pelas oportunidades que oferecem. Arora (2014) sugeriu que o desenvolvimento de currículos escolares sobre os benefícios das espécies de árvores subutilizadas e a sua relevância pode ajudar a manter as tradições culturais e culinárias das comunidades locais em todo o mundo. O cultivo e a exposição destas árvores na escola podem reforçar a ligação entre as gerações mais jovens e as espécies locais. Os programas de ensino superior orientados para o desenvolvimento rural sustentável, a segurança alimentar e a agroecologia também podem incorporar a conservação e a utilização de espécies arbóreas subutilizadas. Além disso, Jaenicke e Hoschle-Zeledon (2006) afirmaram que o conhecimento indígena também precisa de ser mapeado antes de se perder, e é necessária investigação sobre compostos activos e métodos de colheita sustentáveis. Assim, há uma necessidade de explorar o conhecimento indígena, que pode informar melhor a compreensão científica do papel das espécies de árvores subutilizadas, de forma relevante para os sistemas agrícolas locais (Chivenge *et al.*, 2015).

CAPÍTULO 6

5.2 RESUMO, CONCLUSÕES E RECOMENDAÇÕES

1.   1Resumo

Os resultados revelaram que a maioria da população era do sexo masculino (85,7%), casada (89%), com educação corânica (38,8%) e com um baixo nível de educação ocidental, e que todos se dedicavam a actividades agrícolas para a sua subsistência.

Para além disso, os resultados dos estudos sobre a vegetação revelaram que o índice de diversidade de Shannon-Wiener (H') é moderado para as árvores (2,6205) e para as plantas selvagens (2,1419). Os valores obtidos situam-se dentro dos limites gerais de 1,5-3,5 (Kent e Coker, 1992). A uniformidade das espécies (E), como medida da equitabilidade da propagação (Margurran,1988), foi avaliada para as árvores (0,5564) e para as espécies silvestres (0,4489), indicando que as espécies arbóreas disponíveis estavam distribuídas de forma justa e uniforme nos locais de estudo. Isto pode dever-se a uma menor competição pelo espaço entre as espécies arbóreas, tendo em conta a natureza caraterística das zonas ecológicas (savana do Sudão). O local de estudo apresentava uma riqueza de espécies arbóreas (7,3351) e silvestres (7,7977) e o índice de riqueza de Margalef não tem um valor limite e apresenta uma variação consoante o número de espécies (Shah e Pandit, 2013). O índice de diversidade máxima de Shannon $(Hmax)$ das árvores (4,7095) e da fauna bravia (4,7707) indicou que todas as espécies de árvores no local de estudo não tinham a mesma abundância, o que pode ser resultado da maior capacidade de adoção de algumas espécies ou da preferência dos utilizadores.

O estudo revelou que as espécies arbóreas subutilizadas proporcionavam rendimentos suplementares (30,6%) e fertilidade do solo (35,1%) aos agricultores da área de estudo. Os agricultores tiveram acesso a informações sobre a utilização de árvores subutilizadas principalmente através dos pais/avós (53,2%) e amigos/parentes (32,5%). A maioria dos agricultores tinha conhecimentos moderados (46,7%) sobre a utilização de árvores subutilizadas. A informação inadequada (57,5%) foi a principal razão da subutilização de árvores subutilizadas na área de estudo. Os resultados também revelaram que 70,1% preferiam que os conhecimentos fossem transferidos para as crianças através de orientação e aconselhamento, de modo a colmatar a lacuna de conhecimentos locais entre gerações

2.   2 Conclusão

O estudo constatou que a área é rica em espécies arbóreas polivalentes subutilizadas e moderadamente distribuídas. As espécies arbóreas subutilizadas têm a função de proporcionar um rendimento suplementar e melhorar a fertilidade do solo. A principal fonte de informação sobre as espécies arbóreas subutilizadas foi através dos pais/avós, amigos e parentes. No entanto, os agricultores da área de estudo preferem o método de orientação e tutoria para a transferência de conhecimentos para a geração seguinte.

3.   3 Recomendações

Com base nos resultados do estudo, são feitas as seguintes recomendações:

4.   Os jovens agricultores precisam de ser educados sobre as espécies arbóreas subutilizadas como bens públicos, a fim de garantir a sua disponibilidade e acessibilidade contínuas para as gerações

actuais e futuras;

5.   O serviço governamental deve aumentar a capacidade das mulheres para gerir, conservar e utilizar espécies de árvores subutilizadas de forma sustentável e reforçar o seu estatuto económico, eliminando as tradições que impedem as mulheres de ter acesso às árvores.

6.   É necessário incentivar mais investigação sobre a análise quantitativa da diversidade das espécies arbóreas, a fim de obter mais informações para a elaboração de políticas e a tomada de decisões.

7.   As práticas agro-florestais destas espécies de árvores subutilizadas na área de estudo devem ser encorajadas por todos os níveis do governo, ONGs e parceiros de desenvolvimento.

REFERÊNCIAS

Abdullahi, A. A., Usman, Y. D., Noma, S.S., Audu, M., Danmoma, N.M. e Shuaibu, H. (2010). Estado de fertilidade dos solos de fadama na aldeia de Gantsare, Governo Local de Wamakko, Estado de Sokoto, afetado pelo pó de cimento. *Jornal Nigeriano de Ciências Básicas e Aplicadas*. 18(1):58-64.

Aboagye, L.M., Obirih-Opareh, N., Amissah, L. e Adu-Dapaah, H. (2007). Espécies subutilizadas, políticas e estratégias. Análise das políticas e legislações nacionais existentes que permitem ou inibem a utilização mais alargada de espécies vegetais subutilizadas para a alimentação e a agricultura no Gana. Conselho para a Investigação Científica e Industrial, Gana. 1-4pp.

Adamu, I.A. (2006). Uma avaliação da composição florística da reserva de caça de Kwiambana. Tese de doutoramento não publicada apresentada à escola de pós-graduação da Universidade Usmanu Danfodiyo de Sokoto. 44-56pp.

Aderounmu, A.F. (2010). Requisitos silviculturais para a regeneração de *Vitelleria paradoxa*. Tese de doutoramento, apresentada à escola de pós-graduação da Universidade de Ibadan. 1- 141pp.

Adomou, A.C., Sinsin, B., Akoe'gninou, A.A. e Van der Maesen, J. (2010). Espécies de plantas e ecossistemas com elevada prioridade de conservação no Benim. Systematics and conservation of African plants. Kew: Royal Botanic Gardens. 9pp.

Agbani, P. (2002). Etudes phytosociologiques des groupements forestiers par bandes longitudinales a' grandes e'chelles: Cas du noyau central de la fore't dense semi- de'cidue de la Lama au Be'nin. Cotonou, Be'nin: Me'moire de dea flash, Universite' d'Abomey-Calavi. 74pp.

Akinyele, A.O. (2007). Requisitos silviculturais de plântulas de *Buchholzia coriacea* Engler. Teses de doutoramento não publicadas, apresentadas ao departamento de gestão de recursos florestais da Universidade de Ibadan. 20-34 pp.

Akoe'gninou, A., Van der Burg, W.J. e Van der Maesen, L.J.G. (2006). Flore analytique du Be'nin. Cotonou e Wageningen: Backuys Publishers. 10pp.

Alagbe, S.A. (2006). Avaliação preliminar da hidroquímica da formação Kalambaina, Bacia de Sokoto, Nigéria. *Geologia Ambiental*. 51: 39-45,

Ango, A.K., Abdullahi, A.N. e Abubakar, B.B. (2011). Papel dos parâmetros socioeconómicos na determinação da eficácia da agricultura urbana na garantia da segurança alimentar na área metropolitana de Birnin Kebbi, Estado de Kebbi, Noroeste da Nigéria. *International Resource Journal of Agricultural. Science and Soil Science*. 1(6):185- 192.

Ango, A.K., Ibrahim, S.A., Yakubu, A.A. e Alhaji, A.S. (2014). Impacto da migração rural-urbana dos jovens na economia familiar e na produção agrícola: Um estudo de caso das áreas metropolitanas de Sokoto, estado de Sokoto, Noroeste da Nigéria. *Jornal de Extensão Agrícola e Desenvolvimento Rural*. 6(4):122-131.

Anónimo, (2007). República do Quénia, Kenya Vision 2030. Uma nação competitiva e próspera Nairobi. Quénia, Ministério do Planeamento e do Desenvolvimento Nacional em parceria com o Quénia e o Governo da Finlândia. 144pp.

Anónimo, (2015). Iniciativa da árvore tradicional: promovendo a agrofloresta do Pacífico. https://cgspace.cgiar.org/handle/10568/57684?show=full. Recuperado *em 16/4/2015*.

Anywar, G., Oryem-Origa, H. e Mugisha, M. K. (2014). Plantas silvestres usadas como nutracêuticos do distrito de Nebbi, Uganda. *Jornal Europeu de Plantas Medicinais. 4(6): 641-660.*

Aparajita, D. (2007). Patterns of plant species diversity in the forest corridor of Rajaji- Corbett National Parks, Uttaranchal, India (Padrões de diversidade de espécies vegetais no corredor florestal dos Parques Nacionais de Rajaji-Corbett, Uttaranchal, Índia). *Current Science.* 92(1): 90-93.

Arora, R.K. (2014). *Diversidade em espécies vegetais subutilizadas - Uma perspetiva da Ásia-Pacífico.* Bioversity international, Nova Deli, Índia 203 pp.

Assogbadjo, A.E. (2000). *Etude de la biodiver site' des ressources forestie'res alimentaires et evaluation de leur contribution a'l'alimentation des populations locales de la forest classe'e de la lama.* Cotonou, Benim: The'se d'Inge'nieur Agronome Faculte' des Sciences Agronomiques, University of Abomey-Calavi: 121pp.

Awodoyin, R.O., Olubode, S.O., Ogbu, J.U., Balogun, R.B., Nwawuisi, J.U. e Orji, K.O. (2015). Árvores de fruto indígenas da África tropical: Status, oportunidade de desenvolvimento e gestão da biodiversidade. *Ciências Agrárias. 6, 31-41.*

Baba, K.M., Orire, A.O. e Mohammed, I. (2005). Perceção do ambiente pelos agricultores e suas práticas de proteção ambiental. *Boletim da RAS. 25 15-21.*

Bhat, P.R., e Kaveriappa, K.M. (2009). Estudos ecológicos sobre as florestas pantanosas de Myristica de Uttara Kannada, Karnataka, Índia. *Tropical Ecology.* 50(2):329-337.

Birnin-Yauri, U. A., Yahaya, Y., Bagudo, B. U. e Noma, S. S. (2011). Variação sazonal do teor de nutrientes de alguns vegetais selecionados de Wamakko, Estado de Sokoto, Nigéria. *Jornal de Ciência do Solo e Gestão Ambiental.* 2(4):117- 125.

Brills, C., Ende, P.V., Leede, B. e Wallace, P. P. (1996). Agroforestry: *Agrodok Series.* Agromisa, Países Baixos. Comissão Florestal do Estado de Cross River: Projeto de Política Florestal do Estado de Cross River, Comissão Florestal do Estado de Cross River, Calabar.

Causton, D. R. (1988) *Introduction to Vegetation Analysis.* Unwin Hyman Ltd. Londres. 342pp.

Chaudna, R.C, e Bala, R. (1994). Urban growth and housing problems in *India,Avadh. Journal of Social Science.* 1:25-34.

Chivenge, P., Mabhaudhi, T., Modi, A.T. e Mafongoya, P. (2015). O papel potencial das espécies de culturas negligenciadas e subutilizadas como culturas futuras em condições de escassez de água na África Subsariana. *Revista Internacional de Investigação Ambiental e Saúde Pública.* 12: 5685-5711.

Chweya, J.A, e Eyzaguirre, P.B. (eds.) (1999). The biodiversity of traditional leafy vegetables. IPGRI, Roma, Itália. 540pp.

Clarke, K.R., e Warwick, R.M. (2001). Changes in Marine communities: An approach to statistical analysis and interpretation, primer-E. 2ª edição. plymouth: Springer verlag.

Codjia, J.T.C., Assogbadjo, A.E. e Ekue, M.R.M. (2003). Diversite' et valorisation au niveau local des ressources ve'ge'tales forestie'resalimentaires du Be'nin. *Cahiers Agricultures.* 12(5):321-331.

GIAR. (2004). Grupo Consultivo para a Investigação Agrícola Internacional. *Innovation in agricultural research annual report*, secretariado do CGIAR, Washington DC, Nações Unidas.

Cotton, C.M. (1996). *Etnobotânica: Principles and applications*. Chichester, Inglaterra: John Wiley and Sons Ltd.

Danjuma, D.A. (1994). Composição aproximada de algumas espécies populares de árvores forrageiras em Sokoto. Proposta de projeto apresentada no Departamento de Ciência Animal, Faculdade de Agricultura da Universidade Usmanu Danfodio, Sokoto. 9pp.

De Groot, P. e Haq, N. (1995). Promotion of traditional and underutilized crops (Promoção de culturas tradicionais e subutilizadas). Série ICUC/CSC do Conselho Científico da Commonwealth. CSC(95) 23. 311.

Dje'go, J., Agbani, P, e Sinsin, B.(2011). Diversite' floristique de la fore't classe'e de la Lama, In: La fore't de la Lama au Be'nin: un e'cosyste'me menace' sous la loupe, Benin.

Dikko, A. A. (2012). Densidade de espécies arbóreas e distribuição da diversidade na reserva florestal de dabagi. Projeto de silvicultura B. não publicado, Departamento de Silvicultura e Pescas, Universidade Usmanu Danfodio, Sokoto. 27pp.

Emtage, N. F. (2004). An Investigation of the Social and Economic Factors Affecting the Development of Small-scale Forestry by Rural Households in Leyte, Philippines (Uma investigação dos factores sociais e económicos que afectam o desenvolvimento da silvicultura em pequena escala por agregados familiares rurais em Leyte, Filipinas). Tese de doutoramento, Universidade de Queensland, Escola de Gestão de Sistemas Naturais e Rurais, Gatton, Austrália, 423pp.

Eyzaguirre, P., Padulosi, S. e Hodgkin, T. (1999). A estratégia do IPGRI para espécies negligenciadas e subutilizadas e a dimensão humana da agrobiodiversidade. In: S Padulosi (ed) *Priority Setting for Underutilized and Neglected Plant Species of the Mediterranean Region*. Report of the IPGRI Conference, February 9-11, 1998, ICARDA, Aleppo, Syria. Instituto Internacional dos Recursos Fitogenéticos, Roma, Itália.

Falerama, B.C., Chomini, M.S., Thlama, D.M e Udenkwere, M.(2014). Resposta de pré-germinação e dormência de sementes *de Adansonia digitata* L. a técnicas de pré-tratamento e meios de crescimento. *Jornal Europeu de Investigação Agrícola e Florestal. 2(1):31- 41.*

FAO (1989). Diretrizes sobre comunicação para o desenvolvimento rural: Um resumo para planeadores de desenvolvimento e formuladores de projectos. In: FAO. 1999. Publicações sobre Comunicação para o Desenvolvimento.(CD Rom). Roma: FAP.

FAO (1996). Plano de ação mundial para a conservação e utilização sustentável dos recursos fitogenéticos para a alimentação e a agricultura. Secção 12. Roma, Itália: FAO.

Frison, E., Omonto, H. e Padulosi, S. (2000). Fórum Mundial sobre Investigação Agrícola (GFAR) e cooperação internacional em cadeias de produtos de base. Documento de síntese apresentado na Conferência GFAR-2000 realizada em Dresden, Alemanha, de 21 a 23 de maio de 2000.

Gary, W. K, (2004). Checklist of New, Improved and Underutilized Trees for North and Central Florida (Lista de Árvores Novas, Melhoradas e Subutilizadas para o Norte e Centro da Flórida). 1-8pp.

Gregersen, H., Sdyner, D. e Dieter, E. (1989): *"People and tree: the role of social forestry in sustainable development"*. Série do Instituto de Desenvolvimento Económico do Banco Mundial. Banco Mundial, Washington D.C. .1-162pp.

Gruere, G., Alessandra, G, e Smale, M. (2006). *Comercialização de espécies vegetais subutilizadas em benefício dos pobres: A concetual framework.* Documento de discussão EPT 154. Washington DC Instituto Internacional de Investigação sobre Políticas Alimentares (IFPRI).

Hawtin, G. (2007). Actividades de investigação e desenvolvimento de espécies vegetais subutilizadas - análise de questões e opções. GFU/ICUC. Instituto Internacional dos Recursos Fitogenéticos, Roma, Itália. 2-45pp.

Henry, N. A., Kitong, L. e Odiwuo, F. O. (2014) Erosão genética: avaliação de genótipos de culturas negligenciadas e subutilizadas no sudoeste do Quénia. *Jornal de Biodiversidade e Ciências Ambientais. 4(6):33-41.*

Heuserr, M.J.J (1998). Colocar os índices de diversidade em prática: algumas considerações para a gestão florestal nos Países Baixos. *Actas da conferência sobre a avaliação da biodiversidade para um melhor planeamento florestal.* Monte Verita, Suíça, Kluwer Academic Publishers, Países Baixos. 171-180 pp.

Hines, D. A, e Eckman, K. (1993). *Indigenous multipurpose trees of Tanzania: Uses and economic benefits for people. Desenhos: Masquel Lasserre Programa de Base de Dados SPECIES: Luc Dubreuil Tradução para* Swahili: Richard Mabala e Paul Manda Edição: Pia ColeImpresso em: Ottawa, Ontário, Canadá. 88-99pp.

Hughes, A e Haq, H. (2014). Promoção de árvores de fruto indígenas através de um melhor processamento e comercialização na Ásia. Centro Internacional de Culturas Subutilizadas, Universidade de Southampton, Reino Unido. 1-10pp.

Hunde, D., Njoka, J., Zemede, A. e Nyangito, M. (2011). Frutos silvestres comestíveis de importância para a nutrição humana em zonas semiáridas da zona leste de Shewa, Etiópia: conhecimento indígena associado e implicações para a segurança alimentar. *Jornal de Nutrição do Paquistão. 10:40-50.*

Ibrahim, A, e Otegbeye, G.O. (2004). Methods of Achieving Optimum Germination in Adansonia digitata (Métodos de obtenção de uma germinação óptima em Adansonia digitata). *Bowen Journal of Agriculture 1(1):53-59.*

Ihenyen, J., Okoegwale, E.E. e Mensah, J.K. (2009). Composição das espécies de árvores na reserva florestal de ehor, Estado de Edo, Nigéria. *Natureza e Ciência. 7(8):818.*

Ijeomah, H. M, e Aiyeloja, A.A. (2010). *Ecoturismo: um instrumento de combate à degradação dos recursos naturais renováveis.* In: Ijeoma H M, Aiyeloja A A (*eds*) Practical Issues in Forest and wildlife Resources management. Green canopy consultants, Choba, Porthacourt, Nigéria, 625pp.

Inuwa, A. (2016). Avaliação da regeneração de árvores no parque da área governamental local de Gwarzo do estado de Kano, Nigéria. Dissertação de mestrado não publicada apresentada à escola de pós-graduação, Universidade Usmanu Danfodiyo, Sokoto. 14-17.

Isah, A.D e Shinkafi, M.A. (2005). Solo e vegetação da reserva florestal de Dabagi no Estado de

Sokoto, Nigéria. *Jornal de Agricultura e Ambiente*. 1(1): 79-84.

Isah, A.D .(2007). Efeitos do fogo no solo e na vegetação da reserva florestal de Dabagi na zona semi-árida do noroeste da Nigéria. Tese de doutoramento não publicada apresentada à escola de pós-graduação, Universidade Usmanu Danfodiyo, Sokoto. 33-34pp.

Jaenicke, H. e Hoschle-Zeledon, I. (eds) (2006). *Strategic framework for underutilized plant species research and development, with special reference to asia and the pacific, and to Sub-Saharan Africa*. International Centre for Underutilised Crops, Colombo, Sri Lanka e Global Facilitation Unit for Underutilized Species, Roma, Itália. 33pp.

Kamatou, G.P.P., Vermaak, I. e Viljoen, A.M. (2011). Uma revisão actualizada de *Adansonia digitata*: Uma árvore africana comercialmente importante. *Jornal de Botânica da África do Sul*. 77(1):908-919.

Kent, M. e Coker, P. (1992). *Vegetation Description and Analysis*; A Practical Approach, John Wiley & Sons, Chichester Belhaven press, London. 363pp.

Kindt, R. e Coe, R. (2005). *Tree Diversity Analysis*, Centro Mundial de Agroflorestação, Nairobi, Quénia. 196pp.

Krebs, C.J. (1999). *Ecological Methodology* (2ª ed), Addison Wesley Longman, inc. Menlo Park, Califórnia. 454 pp.

Kricher, J. e Morrison, G. (1998). Floresta oriental Boson Hughton Mittlin Coupany htt://www.naira.washcoll.edu/srdavis.htm.

Kumar, A., Marcot, B.G. e Saxena, A. (2006). Diversidade de espécies de árvores e padrões de distribuição em florestas tropicais de Garo Hills. *Current Science. 91(10);1370-1381*.

Kumar, J.I.N., Bhoi, R.K. e Sajish, P.R. (2010). Tree Species Diversity and Soil Nutrient Status in Three Sites of Tropical Dry Deciduous Forest of Western India (Diversidade de Espécies de Árvores e Estado dos Nutrientes do Solo em Três Locais de Floresta Tropical Decídua Seca da Índia Ocidental). *Tropical Ecology*. 51(2):273-279.

Kunwar, R.M. e Sharma, S.P. (2004). Quantitative Analysis of Tree Species in Two Community Forests of Dolpa District, Mid-West Nepal (Análise quantitativa de espécies de árvores em duas florestas comunitárias do distrito de Dolpa, centro-oeste do Nepal). *Himalayan journal of science*. 2(3):23-28.

Larson, J. (1998). Perspectives in indigenous knowledge systems in Southern Africa, Documento de Discussão nº 3, Grupo Ambiental da Região Africana, Banco Mundial.

Macarthur, R.H. (1955). Flutuação da população animal e uma medida da estabilidade da comunidade. *Ecology. 36: 533-536*.

Maguran, A. (2004). *Measuring biological diversity*. Londres: Blackwell science Ltd, uma editora Blackwell. 13-33pp.

Malami, A.A e Abdullahi, S. (2015). Lista de verificação e estado de conservação de espécies de árvores lenhosas em algumas paisagens selecionadas no noroeste do antigo estado de Sokoto, Nigéria. *Journal of Global Bioscience. 4(5):2133-2141*.

Malami, B.S. (2005). Balancing Nutrient Supply and Requirement of Ruminants in Zamfara Reserve,

Northwestern Nigeria. Tese de doutoramento não publicada, Departamento de Ciência Animal, Faculdade de Agricultura, Universidade Usmanu Danfodiyo, Sokoto. 243pp.

Margalef, D.R. (1958). Teoria da Informação em Ecologia. *General System Bulletin* 3: 36-71.

Margurran, A.E. (1988). *Ecological Diversity and its Measurements*, Croom, Helm.350pp.

Martin, G.J. (1995). *Ethnobotany: A Methods Manual*. Londres, Reino Unido: Chapman and Hall.44pp.

Mohammed, S. (1997). Condições de acesso, utilização e gestão de árvores, arbustos e gramíneas na região semi-árida do Norte da Nigéria: Tese de mestrado não publicada. Universidade Bayero, Kano, Nigéria. 22pp.

Momodu, A.B., Otegbeye, G.O. e Igboanugo, A.B. (1997). Prioridade de spp. de árvores polivalentes da Nigéria árida e semi-árida. Um documento de seminário para a conferência da Associação Florestal da Nigéria, Makurdi. 42pp.

Mortimore, M. e William, M.A. (1999). Working the sahel. Environment and Society in Northern Nigeria. Routldge, Londres, Reino Unido. Zona Florestal Nigeriana. *Ata Horticulturalis 123: 185 - 196.*

Mu'azu, A. (2010).Recursos genéticos de plantas lenhosas da Reserva Florestal de Kuyambana Maru, Estado de Zamfara. Dissertação de mestrado não publicada, Departamento de Ciências Biológicas, Faculdade de Ciências, Universidade Usmanu Danfodiyo, Sokoto. 14pp.

Naylor, R.L., Falcon, W.P., Goodman, R.M., Jahn, M.M., Sengooba, T., Tefera, H. e Nelson, R.J. (2004). Biotechnology in the developing world: a case for increased investments in orphan crops. *Food Policy.* 29:15-44.

Ndoye, M., Diallo, I. e Yaye, K.G. (2004). Biologia reprodutiva em *Balanites aegyptiana* (L): Uma árvore de floresta semi-árida. *Revista Africana de Biotecnologia.* 3(1):40- 46.

Neuenschwander, P., Sinsin, B. e Goergen, G. (2011). Conservação da Natureza na África Ocidental: Red List for Benin. Ibadan, Nigéria: Instituto Internacional de Agricultura Tropical. 14pp.

NGIA, (2016): (Agência Nacional de Informação Geoespacial) Mapa da zona governamental local de Wamako em Sokoto, Nigéria

www.cartographic.info/names/map.php?id=763520&f=5 Recuperado em 4/5/2016.

Normah, M.N. (2003). Frutas de climas tropicais - frutas menos conhecidas da Ásia. In: *Encyclopedia of* food sciences and nutrition second edition. Academic Press, Amsterdão, 2816pp.

NPCN. (2011)...Comissão Nacional da População da Nigéria. Sokoto (Estado, Nigéria) - Estatísticas demográficas e localização em mapas. http://www.citypopulation.de/php/nigeria-admin.php?adm 2id=NGA034021. Recuperado em 3/08/ 2016.

Odhav, B., Beekrum, S., Akula, U. e Baijnath, H. (2007) Preliminary assessment of nutritional value of traditional leafy vegetables in KwaZulu-Natal, *South Africa Journal of Food Composition Analysis*; 20:430-435.

Onefeli, A.O. e Adesoye, P.O. (2014). Avaliação do crescimento inicial de espécies de árvores exóticas e indígenas selecionadas na Nigéria. *Sudeste Europeu para Plantas Medicinais.* 5 (1): 45-51.

Onyekwelu, J. C., Mosandl, R. e Stimm, B. (2007). Diversidade de espécies arbóreas e estado do solo de dois ecossistemas florestais naturais na região das florestas tropicais húmidas de planície da Nigéria. conferência sobre investigação agrícola internacional para o desenvolvimento. *Tropentag. 20 (07) 4 pp*.

Opeke, L.K (2010). Essentials of Crop farming. Ibadan, Spectrum books Ltd. 2ª edição. 79-93pp.

Orwa, C., Mutua, A., Kindt, R., Jamnadass, R e Simons, A. (2009). Agroforestry publication of F.A.O. pp90 http://www.worldagroforesty.org/af/treedb/ 21/01/2012.

Osewa, S.O., Alamu, O., Adetiloye, I.S., Olubiyi, M.R. e Abidogun, E.A. (2013). Uso de algumas espécies de plantas negligenciadas e subutilizadas entre os moradores rurais na Área de Governo Local de Akinyele do Estado de Oyo. *Greener Journal of Agricultural Sciences*. 3 (12):817-822.

Owiny, A.A. (2011). Estado de regeneração de espécies de árvores florestais indígenas da reserva florestal de Mt. Otzi, distrito de Moyo. Dissertação de Mestrado não publicada. Dissertação, Instituto do Ambiente e dos Recursos Naturais, Universidade de Makerere, Kampala, Uganda 22pp.

Padulosi, S. (1999). Critérios para a definição de prioridades em iniciativas que lidam com culturas subutilizadas na Europa. Pp. 236-247 *in* Implementation of the Global Plan of Action in Europe - Conservation and Sustainable Utilization of Plant Genetic Resources for Food and Agriculture. (T. Gass, F. Frese, E. Begemann e E. Lipman, compiladores), Actas do Simpósio Europeu, 30 de junho-3 de julho de 1998, Braunschweig, Alemanha. Instituto Internacional de Recursos Fitogenéticos, Roma. 396 pp.

Padulosi, S., Hodgkin, T., Williams, J.T. e Haq, N. (2002). Under-utilized crops: Trends, challenges and opportunities in the 21st century. Em Managing plant genetic resources, ed Engels, J.M.M et al. Londres e Roma: CABI-IPGRI 25pp.

Padulosi, S. e Hoeschle-Zeledon, I. (2015). Espécies vegetais subutilizadas: quais são elas? *Revista LEISA*. 20(1): 1-6.

Pears, N. (1977). Basic Geography. Longman Scientific & Technical, Reino Unido. 272pp.

Pielou, E.C. (1966). A medição da diversidade em diferentes tipos de colecções biológicas. *Journal of Theoretical Biology*. 13:131-144.

Pilgrim, S., Smith, D. e Pretty, J.A. (2007). Avaliação transregional dos factores que afectam a literacia ecológica: Implicações para a política e a prática. *Ecology of Application 17*(6):1742-175.

Podong, C. e Poolsiri, R. (2013). Estrutura da floresta e diversidade de espécies da floresta secundária após o cultivo em relação a várias fontes no baixo norte da Tailândia. Actas da *Academia Internacional de Ecologia e Ciências Ambientais*. 3(3): 208-218.

Prescott-Allen, R. e Prescott-Allen, C. (1990), 'How many plants feed the world? Conservation Biology. 4: 365 - 374.

Rabi'u, T., Garba, K.A. e Ibrahim, A. (2013). Inventário de árvores indígenas e seus usos polivalentes na área de dutsin-ma, estado de katsina. *Revista Científica Europeia*. 9 (11):1857- 7431.

Rad, J.E., Mathey, M. e Mataji, A. (2009).Comparação da diversidade de espécies vegetais com diferentes comunidades vegetais em florestas decíduas. *International Jouenal of Environment Science.*

Technology. 6 (3):389-394.

Raghuvanshi, R.S, e Singh, R. (2001). Composição nutricional de alimentos incomuns e seu papel na satisfação das necessidades de micronutrientes. *Jornal Internacional de Ciência Alimentar e Nutrição.* 32: 331-335.

Rasingam, L, e Parathasarathy, N (2009). Diversidade de espécies de árvores e estrutura populacional nas principais categorias de formação florestal e perturbação na ilha de Little Andaman, Índia. *Tropical Ecology.* 50(1):89-102.

Roger, B., Longtau, S., Hassan, U. e Walsh, M. (2006). The Role of Traditional Rulers in Conflict Prevention and Mediation in Nigeria (O Papel dos Governantes Tradicionais na Prevenção e Mediação de Conflitos na Nigéria): Interim Report. Preparado para o DFID, Nigéria Preparado para o DFID, Nigéria. 1-60 pp.

Roger, B e Dendo, M. (2007). Hausa nomeia plantas e árvores - Hausa-Latin Versão em circulação. [Projeto - preparado apenas para comentários] 2nd edition. 8, Guest Road Cambridge CB1 2AL Reino Unido. 1-67pp.

Rojes, M.H., John, D. e Camphell, C. (2001). *Uma reunião sobre conservação comunitária e gestão de áreas protegidas com uma perspetiva de género, the nature conservancy:* Arlington, Virgínia, EUA 44pp.

SACDP/IFAD (1998). A community participatory approach to poverty alleviation and natural resource management in Sokoto state. A Review of Project Achievement and Journey to Success. Um relatório geral da sede do SACDP/IFAD.

Sale, F.A. (2015). Avaliação do regime de rega e de diferentes tamanhos de vasos no crescimento de mudas *de Parkia biglobosa* em condições de viveiro. *Revista Científica Europeia.* 11(12):313-325.

Sanchez, R.A e. Leakey, R.R.B. (1997). Land use transformation in Africa: three determinants for balancing food security with natural resource utilization *European journal of Agronomy.* 7:15-23.

Sarumi, M.B., Ladipo, D.O., Denton, L., Olapade, E.O., Badaru, K. e Ughasoro, C. (1995). Nigerian: Country Report to the FAO International Technical Conference on Plant Genetic Resources (Leipzig,1996) Ibadan. 6-53pp.

Shah, J.A e Pandit, A.K. (2013) Aplicação de índices de diversidade à comunidade de crustáceos do lago Wular, Himalaia de Caxemira. *Revista Internacional de Biodiversidade e Conservação.* 5(6):311-316.

Shankar, U. (2001) A case of high tree diversity in a sal (*Shorea robusta*) -dominated lowland forest of Eastern Himalaya: Composição florística, regeneração e conservação. *Current Science.* 81:776-786.

SERC, (2004): Centro de Investigação Energética de Sokoto. Dados Metrológicos de Sokoto, Universidade Usmanu Danfodiyo, Estado de Sokoto.

Singh, B.R, e Babaji, G.A. (1989). Caraterísticas do solo no distrito de Dundaye II, os solos de fadama da universidade garm 23pp.

Singh, B.R. (1995). Estratégias de gestão do solo para o ecossistema semi-árido na Nigéria: O caso dos Estados de Sokoto e Kebbi. *Africa Soil.* 28:317-320.

Sinsin, B, e Owolabi, L. (2001). Relatório sobre a monografia da diversidade biológica de Be'nin. Cotonou, Be'nin: Ministe're de l'Environnement de l'Habitat et de l'Urbanisme (MEHU) 32pp.

SSMIYSC, (2013). Ministério da Informação, Juventude, Desporto e Cultura do Estado de Sokoto, Diário do Estado de Sokoto. Imprensa do Estado de Sokoto, Sokoto. 1-29pp.

Spellerberg, I. F. (1991): Monitoring Ecological Change. Nova Iorque, EUA, Universidade de Cambridge.112-140pp.

Steege, H.T., Sabather, D., Castellanos, H., Andel, T.V., Duivenvoorden, J.e Mori, S. (2000). An Analysis of the Floristic Composition and Diversity of the Amazonian Forests Including Those of the Guiana Shield. *Journal of Tropical Ecology.* 16: 801828.

Tabuti, J.R.S.(2007) Status of non-cultivated food plants in Bulamogi County, Uganda *African Journal of Ecology*;45(Suppl.1):96-101.

Tebkew, M., Asfaw, Z. e Zewudis, S. (2014). Plantas silvestres comestíveis subutilizadas no distrito de Chilga, noroeste da Etiópia: foco em plantas lenhosas silvestres. *Agricultura e Segurança Alimentar.* 3:12.

Tesfaye, A.(2015). Balanites (*Balanite aegyptiaca*) Del., Árvore Polivalente uma Revisão Prospetiva. *Revista Internacional de Química Moderna e Ciência Aplicada. 2(3), 189194.*

Turyahabwe, N. e Tweheyo, M. (2010): Does Forest tenure influence forest vegetationcharacteristic? Uma análise comparativa de reservas florestais privadas, locais e do governo central no Uganda Central: *International Forestry Review* 12.4:320-338.

Umar, K.J., Abubakar, L., Alhassan, B., Yahaya, S.D., Hassan, L.G., Sani, N.A. e Muhammad, M.U. (2014). *Perfil nutricional da flor de Balanites aegyptiaca Studia Universitatis "Vasile Goldi§", Seria (tinilele V'lelji. 24(1): 169-173.*

Vitoule, E.T., Houehanou, T., Kassa, B., Assogbadjo, A.E., Kakai, R.G., Djego, J. e Sinsin, B. (2014).Conhecimento endógeno e impacto da perturbação humana na abundância de duas espécies de árvores silvestres comestíveis subutilizadas no sul do Benim. *Qscience connect.*15:1-13.

Wattenberg, I e Breckle, S. (1995). Diversidade de espécies de árvores de uma floresta tropical prémontana na Cordilheira de Tilaren, Costa Rica. *Biotropica* 1: 21-30.

Zaki, M.A (2005). Composição Florística das Reservas Florestais de Dogondaji e Dabagi no Estado de Sokoto, Nigéria Dissertação de Mestrado não publicada, Departamento de Silvicultura e Pescas, Faculdade de Agricultura, Universidade Usmanu Danfodiyo, Sokoto. 62pp.

APÊNDICE I

AVALIAÇÃO DE ESPÉCIES ARBÓREAS POLIVALENTES SUBUTILIZADAS NA ÁREA GOVERNAMENTAL LOCAL DE WAMAKKO DO ESTADO DE SOKOTO NIGÉRIA QUESTIONÁRIO

Sou um estudante de pós-graduação da Universidade Usmanu Danfodiyo, Sokoto, no Departamento de Silvicultura e Ambiente. Solicito a vossa resposta sobre a questão das espécies arbóreas polivalentes subutilizadas no Governo Local de Wamakko do Estado de Sokoto.

As informações fornecidas serão tratadas de forma confidencial e a sua resposta será resumida de modo a que nenhuma pessoa seja identificada. Se tiver alguma dúvida ou pergunta, não hesite em contactar-me através do seguinte número: 08066035963 ou através do meu e-mail:profacbashayi@gmail.com.

Preencher o espaço fornecido e assinalar a opção mais adequada Sf

Secção A: Caraterísticas socioeconómicas dos inquiridos

1. District/Village_____________________

2. Género a).Masculino [ ] b). Feminino [ ]

3. Age_____________________

4. Estado civil

a). Solteiro [ ] b). Casado [ ] c). Viúva/viúvo [ ] d). Separado [ ] e). Divorciado [ ] f). Outro (Especificar)______

5. Nível de instrução a). Apenas educação corânica [ ] b). Sem educação formal [ ] c). Ensino primário [ ] d). Educação de adultos [ ] e). Ensino secundário [ ] f). Ensino superior [ ]

6. Ocupação

a). Agricultura [ ] b). Pesca [ ] c).   Comércio [ ] d). Funcionário público [ ] e). Others(Specify)_____________________

Secção B: Conhecimentos tradicionais dos agricultores sobre as funções e a utilização de Espécies de árvores polivalentes subutilizadas

7. Que conhecimentos tem sobre a utilização tradicional de espécies arbóreas subutilizadas?

a). Muito conhecedor [ ] b). Moderadamente conhecedor [ ] c). Sem conhecimentos [ ]

8. Quais são, na sua opinião, as causas da subutilização das árvores indígenas? a). Falta de promoção [ ] b). Informação inadequada [ ] c). Outras (Especificar)________

9. Qual é a sua fonte de informação sobre árvores subutilizadas? a). Agentes de extensão [ ] b). Rádio/televisão local [ ] c). Amigos e parentes [ ] d). Associação de agricultores [ ] e). Jornal/panfleto [ ] f). Telemóvel [ ] g). Outros (Especificar)____________

10. Quais são os papéis/importância das espécies de árvores subutilizadas? a). Alívio da pobreza [ ] b). Fertilidade do solo [ ] c). Oportunidade de emprego [ ] d). Rendimento suplementar [ ] e). Segurança alimentar [ ] f). Outros (Especificar)___________

11. Qual das seguintes formas incentiva a transmissão do conhecimento destas espécies de

árvores subutilizadas aos seus filhos? a). Contos populares [ ] b). Comunidade [ ] c). Treinador e mentor [ ] d). Others (Specify)_________________

12. . De que forma tem estado a utilizar as espécies arbóreas subutilizadas?

S/N	Local name	Use Category																Parts used (PU)					Mode of utilization (MD)	
		Added values																						
		Food (F)	Crop diversification	Pest management	Honey production and detergent	Fuel wood (FU)	Charcoal (CH)	Medicinal (M)	Construction (CO)	Fencing (Fe)	Soil and water conservation	Fodder (FD)	Shade (SH)	Production (B)	Timber (T)	Farm and household tool (FT)	Fruit (F)	Root (R)	Stem bark (st)	Seed (S)	Whole part (W)	Fresh (F)	Prepared cooked	Dried and prepared (D)
1.	Faru																							
2.	Nunu/ Loda																							
3.	Aduwa																							
4.	Dashi																							
5.	Tarauniya																							
6.	Geiga																							
7.	Sabara																							
8.	Baba																							
9.	Kalgo																							
10.	Tsamiya																							
11.	Kaiwa																							
12.	Bagaruwa																							
13.	Farar kaya																							
14.	Farin dundu																							
15.	Doruwa																							
16.	Gawo																							
17.	Jirga																							
18.	Kirya																							
19.	Malga																							
20.	Rimi																							
21.	Kuka																							
22.	Zogale																							
23.	Gamji																							
24.	Goriba																							
25.	Giginya																							
26.	Magarya																							
27.	Kurna																							
28.	Lelle																							
29.	Kamumowa																							
30.	Kaide																							
31.	Baure																							
32.	Chediya																							
33.	Turare/ Zaiti																							
34.	Dunya																							
35.	Dogon yaro																							

APÊNDICE II

FORMULÁRIO DE INVENTÁRIO DE ÁRVORES

DATA .... ENUMIRATOR...................

Lote n.º.................

S/N	Espécies	Nome local	Maduro	selvagem
1.				
2.				
3.				
4.				
5.				
6.				
7.				
8.				
9.				
10.				
11.				
12.				
13.				
14.				
		TOTAL		

Quadro 3: Índice do valor de diversidade de Shannon (H') para a árvore

Espécies de árvores	N(total)	P i	InP i	-P i InP i
Acácia nilótica	23	0.18548	-1.68479	0.31249
Acácia sieberiana	1	0.00806	-4.82028	0.03885
Adansonia digitata	10	0.08065	-2.51769	0.20305
Azardirachta indica	8	0.06452	-2.74084	0.17684
Balanites aegytiaca	16	0,12903	-2.04769	0.26421
Balsamodendron africanum	2	0.01613	-4.12713	0.06657
Bauhinia rufescens	4	0.03226	-3.43399	0.11078
Borassus aethiopum	1	0.00806	-4.82028	0.03885
Butyrospermum parkii	1	0.00806	-4.82028	0.03885
Cassia siamea	1	0.00806	-4.82028	0.03885
Ceiba pentandra	1	0.00806	-4.82028	0.03885
Combretum ghasalense	2	0.01613	-4.12713	0.06657
Combretum micranthum	1	0.00806	-4.82028	0.03885
Diospyros mespiliformis	2	0.01613	-4.12713	0.06657
Eucalipto cameldulensis	2	0.01613	-4.12713	0.06657
Faidherbia albida	8	0.06452	-2.74084	0.17684
Ficus gnaphalocarp	1	0.00806	-4-82028	0.03885
Ficus platyphyla	2	0.01613	-4.12713	0.06657
Ficus thonningii	2	0.01613	-4.12713	0.06657
Grewia mollis	1	0.00806	-4,82028	0.03885
Guiera senegalensis	2	0.01613	-4.12713	0.06657
Hyphaene thebaica	2	0.01613	-4.12713	0.06657
Moringa oleifera	1	0.00806	-4.82028	0.03885
Parkia biglobosa	3	0.02419	-3.72167	0.09003
Pilliostigma reticulatum	7	0.05645	-2.87437	0.16226
Pteleopsis habeensis	1	0.00806	-4.82028	0.03885
Spondias spp	3	0.02419	-3.72167	0.09003
Tamarindus indica	3	0.02419	-3.72167	0.09003
Vitex doniana	5	0.04032	-3.21084	0.12946
Zizyphus Abyssinia	8	0.06452	-2.74084	0.17684
Total	124			2.90392

$$H' = -\sum_{i=1}^{s} p_i \ln(p_i) = 2.6205$$

<u>**Quadro 4.4 Índice do valor de diversidade de Shannon (H') para os animais selvagens**</u>

Selvagem	N	P i	InP i	-P i InP i
Acácia nilótica	24	0.1875	-1.67398	0.31387
Acacia sieberiana	6	0.04688	-3.06027	0.14347
Adansonia digitata	7	0.05469	-2.90612	0.15894
Azardirachta indica	16	0.125	-2.07944	0.25993
Balanites aegytiaca	29	0.22656	-1.48473	0.33638
Bauhinia rufescens	4	0.03125	-3.46574	0.10830
Butyrospermum parkii	2	0.01563	-4.15888	0.06500
Ceiba pentandra	2	0.01563	-4.15888	0.06500
Combretum micranthum	1	0.00781	-4.85203	0.03789
Faidherbia albida	1	0.00781	-4.85203	0.03789
Grewia mollis	1	0.00781	-4.85203	0.03789
Gynura cernua	3	0.02344	-3.75342	0.08798
Hyphaene thebaica	3	0.02344	-3.75342	0.08798
Moringa oleifera	4	0.03125	-3.46574	0.10830
Parkia biglobosa	1	0.00781	-4.85203	0.03789
Pilliostigma reticulatum	2	0.01563	-4.15888	0.06500
Pteleopsis habeensis	1	0.00781	-4.85203	0.03789
Tamarindus indica	1	0.00781	-4.85203	0.03789
Zizyphus Abyssinia	19	0.14844	-1.90759	0.28316
Zizyphus spina-christi	1	0.00781	-4.85203	0.03789
Total	128			2.34854

$$H' = \sum_{i=l}^{s} \ln(Pi) = 2.1419$$

$$H' = -\sum_{i=1}^{s} p_i \ln(p_i) = 2.1419$$

Quadro 5: Riqueza (R) e Equitabilidade (E) das espécies

Índices de diversidade	Árvore	Selvagem
Diversidade máxima de	4.7095	4.7707
Riqueza de espécies	7.3351	7.7977
Equivalência das espécies	0.5564	0.4489

Árvore

ii) $Hmax = \ln(s) = \ln 111 = 4.7095$

iii) $d = \frac{S}{\sqrt{N}} = \frac{111}{\sqrt{111+118}} = \frac{111}{\sqrt{229}} = \frac{111}{15.1327} = 7.3351$

iv) $H/H\,max = \frac{2.6205}{4.7095} = 0.5564$

Selvagem

ii) $Hmax = \ln(s) = \ln 118 = 4.7707$

iii) $d = \frac{S}{\sqrt{N}} = \frac{118}{\sqrt{118+111}} = \frac{118}{\sqrt{229}} = \frac{118}{15.1327} = 7.7977$

iv) $H/Hmax = \frac{2.1419}{4.7707} = 0.4489$

More
Books!

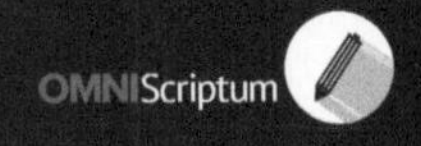

info@omniscriptum.com
www.omniscriptum.com
OMNIScriptum

Printed by Books on Demand GmbH, Norderstedt / Germany